U0050071

管家服務

Butler Service

張梧雨◎著

序

會著手寫這本書，是在接了學校一堂「管家實務」的課程時，因為要準備上課教材，才發現怎麼市面上有關管家的書籍絶大部分是原文書，且內容又都並非與飯店管家實際工作內容十分附合。在遍尋不到一本合適的相關書籍下，起心動念有了想寫這本書的緣份。希望可以藉由這本書，提供對管家這份工作有興趣或好奇的人士多一份瞭解，亦可讓已經在飯店工作的夥伴們，對任職管家的同事有多一點認識與體諒。

在飯店工作超過十個年頭，當初也是因緣際會開始接觸管家這份工作，飯店內的工作是非常多采多姿且吸引人的，內部分工就像一個小型社會，每一個人、每一個角色都分得很細，負責的事情更是不盡相同，但卻又緊緊相扣。很慶幸，梧雨一直相當熱愛自己的工作，也唯有抱持著這樣的熱忱，才能帶領更多的新血加入，同時也才能更加讓來飯店入住的客人們感受到真誠而愉悅的服務。

自2006年開始接觸管家這個職務，飯店管家有著與一般單位不同之處，在成為管家之前，除了管家的基本觀念和態度之外，十分特別的是，你會有到飯店內每一個現場單位跨部門訓練的機會。想想看，這是多麼難得的經驗，若你是櫃台的服務人員，不論你做了多久，除了與客人的應對、帳務的處理，以及最後往管理階層的爬升，還有什麼？餐廳人員除了幫客人點餐配菜、桌邊服務，以及最後往管理階層的爬升，還有什麼？但管家這份工作卻不同，飯店是無條件讓你學習，不停地讓你擴充自己的專業領域，並且將最重要的貴賓交給你服務。這份工作、這份榮耀，除了管家，還有那個職位可以勝任？

但在實際面上，管家服務是一份相當需要抗壓性、敏銳度、體力要好的工作，當你想要成為管家之前，請先問問自己準備好了嗎？

私人管家，雖然這是一份相當辛苦且別人無法理解的工作，在遊走全館服務貴賓的同時，也承受相當多的挑戰，但若問我喜不喜歡我的工作，我還是會毫不猶豫地回答：我非常喜歡我的管家工作，因為成功的服務可以為我帶來極大的成就感，更別說當那些在金字塔頂端的貴賓直接給予肯定時。

梧雨一直對於服務這個工作抱持著很大的熱忱，很慶幸到現在還是擁有極高的興趣在服務上，且有更多的心思專注在培育下一代的專業人員。

感謝在工作路程中給予梧雨支持與協助的前輩及朋友，更感謝那些給予批評指教的同業及朋友。希望藉著此書讓大家對於飯店管家一職有更多的瞭解，更期盼各位對一直在學習的梧雨不吝賜教。

張梧雨　謹識

目　錄

Part 5　附錄　281

Part 1

管家的由來及觀念

Chapter 1

管家

第一節　管家的由來

第二節　傳統豪宅管家與飯店管家的不同

第三節　管家的功能

第一節　管家的由來

「管家」（Butler）這個名詞對很多的人，甚至是常年旅遊的商務客來說，也許聽過，但卻不知道究竟是做什麼的；又或是知道管家或聽過，但可能對管家的觀念認知就是一個什麼工作都可以做的角色罷了。這裏就來一一介紹所謂的「管家」這個名詞，究竟是在做些什麼。

現在說到「管家」，大多數人第一時間就會想到英國的管家。但其實管家服務的概念起源於法國，只是講究禮儀、細節及華麗的英國皇室將其角色定位，並給予一定的要求標準，而管家的職業觀念和職責範圍比照服務皇室的標準，擬訂了嚴格的規則，進而成為行業間的標準。英式管家也成為家務服務的經典。所以，在最初因為要服務皇室貴族和有爵位的名門而有了英式管家的誕生，也只有這樣身分地位的望族才能擁有此一享受，其原因出自於上流人士血統的尊貴而已。

而現在「管家」這個名詞， 你在網路上僅能查到的意思為：男管家、司膳總管等解釋。是的，在國外一個管家要服務一整個大家族，不僅要安排整個家庭的日常事務、帶孩子、繳生活瑣碎費用，同時更具有私人秘書的多重身分。

管家大部分是跟著主人一起生活，因此多數皆為男性，且真正的英式管家都是世襲制的，誠如最初的皇室服務，世襲制的管家們就這樣一代傳一代地照料主人，除非改朝換代，不然誰會比世襲制的管家們更瞭解這些望族的習慣及要求。

而現代英式管家（現在不一定冠上英式，會因為該飯店學習的方向而有所不同）的服務，大多在較有一定水準的國際飯店裏會設有單一的管家部門，而其服務就是提供給入住飯店的貴賓們單一的服務窗口。

而英式管家服務成為亞洲區各大國際型飯店相爭學習或效仿的一個

指標，不論是從英國請來專業的資深管家傾囊相授，或其他歐美國家邀請來上專業課程的比比皆是，且其相關課程越開越多，故其「管家品牌」，直延續至今。

現在在國外，能擁有一位管家，依然是頂級生活的標誌。

而在今天的台灣，除了在國際型飯店內會有管家服務的提供，現在亦有許多的富豪們也習慣在家中擁有一位多功能的管家，協助處理大小事宜。當然，也有許多不同身分的管家可以扮演著不同功能的角色，而大部分富豪們挑選管家，皆會以擁有飯店相關背景出身或經驗的人才為第一首選。

管家能提供的服務不外乎為貴賓們的專屬飯店服務人員、私人秘書、助理，若你能做得更稱職，則你能夠成為貴賓在飯店的朋友或家人。

第二節　傳統豪宅管家與飯店管家的不同

在坊間很多人在不同的人物上冠上管家這個名詞，如協助清理家務的人員稱為清潔管家，協助處理科技資源的電技人員稱為MOD管家等等。

對很多的旅客而言，常年來往各國並以飯店為家，即使知道飯店有提供管家的服務，但也實在不知道能請管家做些什麼。因此許多飯店只是虛設一個管家部門在那，等著客人的召喚，但主動服務及提供創新的想法，亦是管家服務的目標，唯有這些不同，才顯示出管家服務與一般的不同。

傳統豪宅管家的服務如前一節所說，大多以照顧一整個家族為主。可能面對的是一樣的主人們，從日常生活的紀錄來說，早上四點半拿報

紙、燙報紙，五點做早餐，六點半開始逐間敲門叫主人們起床，開始準備送上每一位喜歡的早餐，送主人出門，帶主人的孩子們上學，回家清潔碗盤、整理家務，可能利用下午時段出門繳繳家裏內外費用、遛一遛狗，等到也許哪一天少爺變老爺、小姐變夫人時，老管家也交棒給下一代管家了。

飯店外觀

豪宅外觀

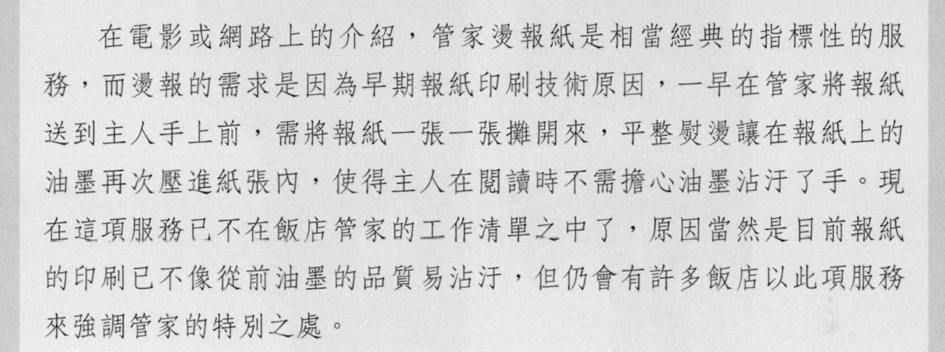

飯店知識專欄

在電影或網路上的介紹，管家燙報紙是相當經典的指標性的服務，而燙報的需求是因為早期報紙印刷技術原因，一早在管家將報紙送到主人手上前，需將報紙一張一張攤開來，平整熨燙讓在報紙上的油墨再次壓進紙張內，使得主人在閱讀時不需擔心油墨沾汙了手。現在這項服務已不在飯店管家的工作清單之中了，原因當然是目前報紙的印刷已不像從前油墨的品質易沾汙，但仍會有許多飯店以此項服務來強調管家的特別之處。

雖然飯店管家與在主人家工作的管家（在飯店的稱謂會將「主人」改為「貴賓」），在大方向的要求、喜好方面，不會有太多的變化或挑戰，但是，在服務技巧、話術、應對及飯店能提供的硬體卻大不同。是的，飯店管家可能一樣在早上五點拿報紙，五點半準備餐桌上的擺設，並開始請師傅準備前一天與師傅溝通好的早餐內容，六點給貴賓晨喚，六點半開始準備送上每一位喜歡的早餐，用完早餐後依貴賓的行程提供一定的服務，如是否貴賓外出工作有將待辦事項交給管家，又或是今天休假請管家安排行程等等，直到管家服務的貴賓結束了他這一段的旅行，且不論是私人休假行程或商務工作，而這就是傳統豪宅管家與飯店管家最大的不同。

各飯店的現代管家制服

雖然飯店管家制服不一定遵循英式管家的燕尾服造型，但大多脫離不了改良型長版西服外套或三件式西裝，但不約而同的是都選擇領帶非領結，也少了懷錶的裝飾，整體感覺現代感更完整，且更加輕盈俐落。

現代飯店管家的正式服裝

實例分享

現在已有許多集團或個人在找尋如歐美國家一樣的私人管家，有的是照料老闆一個人，跟在身邊處理相關事宜（公私事皆協助處理），不論老闆在國內或國外出差；有的則是照顧集團家族的所有事務。

有不少飯店員工離開飯店後，擔任集團及個人的私人管家。雖然能見到的視野更加的廣闊，像可以與老闆一同搭乘私人飛機，老闆有來台灣才需工作，其他時間薪水照給，一星期陪同老闆家人出國遊玩二至三次也是工作等。這當然看起來是相當誘人的，可相對的不論清晨或深夜必須隨叫隨到，沒有了個人生活，支援也不像在飯店內有那麼多的其他單位可立即協助。

還有目前很流行的飯店及豪宅共構案或集團內有飯店專業支援豪宅服務，像六福集團旗下的六福皇宮（飯店）及六福居（豪宅）；文華東方酒店（飯店）及文華苑（豪宅）等，也都將會是朝著由管家或另組專業團隊來提供精緻且優質的服務。

第三節　管家的功能

其實凡舉飯店體制內的所有大小事，管家都必須要略知一二，也許不一定都親自執行，但絕不能有在面對客人疑問時，表露出一絲絲遲疑或呆滯的回應，且都必須能立即地協助客人找到對的人、事、物，進而去完成客人的需求。

許多飯店會在企業網站上放上該飯店提供的管家服務內容，其實當你瞭解這門服務，就會瞭解其實都大同小異，真正不同的應該是在入宿期間的飯店管家所帶給你的服務及感覺。

管家的功能其實是讓入住的客人能在尋求幫忙或有任何需求時，不需花時間瞭解什麼事應該找什麼部門的員工，只要一個按鈕就能得到專業的協助。而更多的時候，管家是客人與飯店之間的媒介和橋樑，因此良好的溝通亦是管家必須擁有的工作技能之一。

管家工作內容概述

一、查房（Inspect VIP room）

雖然清潔房間及檢查都由房務部同仁完成（清潔房間→房務人員；檢查並放房→房務部領班），但管家必須於貴賓入住前，再次巡視一下預進房，除了有多一人檢查其清潔度及設備的使用正常外，管家通常會藉由查房的動作，複習所有設備的使用。

貴賓入住前必須再檢查一次，確認一切是否正常無誤

實例分享

擁有管家的飯店一定要留意管家與房務部的溝通，因為對於貴賓，管家一定要親自再去巡一次房間，而再次檢查到有缺失時，很容易讓雙方有不愉快或找麻煩的感覺，因此告知與否就憑雙方的專業度了。

另一種常發生的情況是，房務部樓層同仁在清潔完房間後，管家在等著房務領班檢查的過程中，還來不及檢查就直接讓櫃檯人員放客人進了房間，而錯失了親自檢查或擺放迎賓小禮的時機。

所以，有關貴賓的安排，最好可以讓管家來負責，是比較萬無一失的，不然很可能就在那零點幾秒內有了意外。

二、準備貴賓喜好及迎賓小禮（Check the preference and prepared amenity）

管家的好朋友除了協助單位外，不外乎就是一些報表了，值勤前都會詳讀今天預進貴賓的喜好記錄並開始準備擺放。

三、迎賓（Escort）

管家每天都在迎接不同職位、不同工作性質的貴賓們，有時一天會接數十個以上且來自各個不同國家的貴賓，而管家很常使用的工具，和服務中心每日所使用的接機客人名單一樣。管家依照著接機客人名單安排時間，與服務中心或貴賓的祕書（有時可能是司機、經紀人或公司聯絡窗口等）保持聯繫，以利在最佳時機在飯店大廳等待貴賓。

最常見的禮品包括花、香檳、水果、巧克力等

四、送客（Farewell）

一樣地，有貴賓入住，就會有退房，而最佳的使用工具也是和服務中心每日所使用的送機客人名單一樣，不過這份名單只能協助管家適時地提醒貴賓需要注意的時間。而最確實又或最好的送客時間則是在住房系統上登記的退房時間，當然若能在接到貴賓的同時，由接待的管家直接地詢問是最正確無誤的。

五、飯店導覽（Hotel tour）

因為管家在飯店內所扮演的角色是需擁有全館知識的一個單位，其實最好的是要上通天文、下知地理（因此有在管家的訓練裏，除了基本的飯店各職位工作須知外，酒類知識、音樂鑑賞、藝術品概念都是必需的）。

在管家單位裏，常常會接收到需要帶飯店導覽的案子。而這樣的需求，大多來自於飯店業主的朋友、學校參觀或即將入住的貴賓的觀察團隊。

六、安排秘密通道控梯（Control elevator）

在企業高級主管、商務政要及藝人的部分需求內，管家常常會陪同使用秘密通道，並適時地提供控制電梯的服務。特別是在個人隱密性極高的這個時代，這樣的服務是頗能讓貴賓有被保護且尊榮的感覺的。而這樣的服務，都是在飯店內安全室同仁的協助下完成的。

七、房內辦理住宿手續（In room check in）

為使貴賓感受到特別的備受尊榮，管家會提供貴賓在房內辦理住宿手續的服務。有別於一般客人在大廳櫃檯排隊的辛勞，擁有管家服務的貴賓，能在一抵達飯店後直接前往入住的房間休息，且自在地完成住宿手續。

由專人引導貴賓搭乘專用的電梯，可保護貴賓不受打擾，顯示對其的尊重與禮遇

飯店知識專欄

其實客人心態都是一樣的，希望與眾不同，被特別重視等。因此備有管家的星級飯店都會在貴賓抵達時，安排一名管家在大廳等待貴賓，且不需要在大廳櫃檯排隊辦理入住手續，而是由管家一路直接帶到預排好的房間內辦理住宿手續，這樣備受尊榮的服務讓客人更加感覺特別。

服務人員送上鮮花表示歡迎貴賓光臨，並在房間內為其辦理check in手續

當然，沒有管家部門的飯店也是可以提供這項服務，而執行的服務人員則以櫃檯的同仁最為合宜。

八、晨間喚醒或喚醒服務

為飯店內常有的一種服務，客人在Check in時常會提出希望飯店服務人員於幾點幾分通知起床的要求。大部分的Morning call皆由語音電話在客人需求的時間打電話通知客人，若無回應，第二通則以人工的方式致電給客人，而此一服務設定大多在飯店總機內之機器設定即可。

而此一電話叫醒的服務，亦有另一同性質的Wake up call，時間點不固定，因為多數的客人會在工作完成或觀光完畢後，返回飯店需要小憩一下時，或許會有此需要。

飯店知識專欄

晨間或一般時段的喚醒服務，大部分以團體客人為最主要的需求區塊，往往在他國旅行時都會安排滿滿的行程，因此同進同出的旅遊方式便需要這樣的服務以提醒自己該出門集合了。

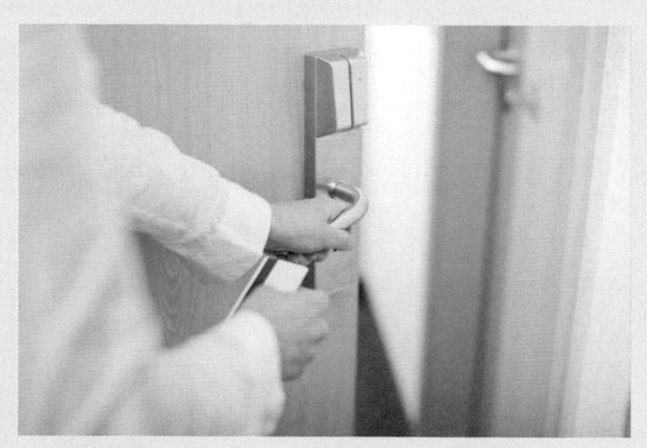

管家會親自到客房進行morning call服務，而不會使用冷冰冰的語音電話喚醒

而有私人管家服務的貴賓，晨喚或喚醒服務通常由私人管家親自前往貴賓的房間提供，而非使用冷冰冰的語音電話喚醒。

然後，管家進房不會單一只執行一件事，於是伴隨著晨喚服務的便是晨間飲料（Wake up drink），而這樣的飲品通常為咖啡、牛奶、

高蛋白營養補給品，還有現在很流行的由多種蔬果現打的精力湯。

對於外國人來說，晨間飲料大多選擇來一杯熱咖啡為甦醒飲料。

坊間有許多義式自動咖啡機，一個按鍵便能提供想要的咖啡種類，舉凡義式濃縮咖啡（Espresso）、美式咖啡（Americano）、拿鐵（Latte）、卡布奇諾（Cappuccino）都能立即享用，而在那高溫、高速的壓榨下會有使用過的咖啡粉（咖啡渣錠），因為還保有溫度，於是其香味也是最好的「甦醒劑」。

實例分享

晨間喚醒（Morning call）常常是相當有挑戰的一項服務，在過往的經驗裏，國外的客人在早晨醒來，喝一杯又香又醇的黑咖啡是相當習以為常的習慣。曾經服務一位貴賓，因這位貴賓有重度的咖啡癮，其上癮程度是必須聞到咖啡香才能起床的，單單在晨喚的同時遞上一杯Wake up drink/coffee已無法將這位貴賓喚醒，於是在每天的早晨，管家將現研磨的咖啡粉及濃得double再double的義式濃縮咖啡，以飛快的速度遞到貴賓的床邊，再用扇子以力道適中的動作於貴賓枕邊進行晨喚，當然貴賓要喝的咖啡可不是我們進行喚醒的工具，而是另外和貴賓習慣閱讀的報紙放置在指定的位置上。

Morning call時管家通常也會為客人準備咖啡與報紙

而此一有創意又貼近顧客需求的管家服務，當然讓此一貴賓津津樂道，並免費幫我們做了不少宣傳，讓此一集團的高級長官甚至該集團招待的貴賓，都指名入住我們飯店，並由管家提供服務及照料，而這不就是身為一名專業管家的成就感嗎？

九、擦鞋服務（Shoe shine）

下榻擁有管家服務的樓層，大多數能免費享有擦鞋服務。不同的鞋款有不同的方法及用品來進行清潔，而管家的此項學習是相當具有必要性的。

擦鞋時不同顏色的鞋子用不同的鞋刷

不同的鞋油樣式及顏色。右邊條狀的為懶人方便鞋油，建議使用圓型硬式鞋油，擦起來較專業，顏色及整雙鞋子的質感都會好很多

十、整理行李（Unpack service）

下榻擁有管家服務的樓層，貴賓都能請管家協助整理行李。而管家的此項服務是十分專業的一項服務，這不像在家中隨意的整理、存放，而是有條理、專業地將客人的衣物分門別類加以吊掛或收納。

實例分享

有一對新婚夫妻來台灣慶祝第一年交往紀念日（因為他們是在台灣認識的），抵達飯店後，便請管家前來協助整理行李，交待完後立即就外出了。管家到了客人房間後，便一一將物品取出擺放，而在行李的最底部，還有一樣包裝精美的禮物，管家當下覺得一定是要給對方的驚喜，於是管家決定將禮物放置於玄關處，好讓客人一回來就能看見。

而就在客人回飯店沒多久後，飯店櫃檯接到了電話，客人告知要將房間提前退掉（原本預計停留日為四天三夜）。原來那禮物是男性客人要送給別人的，當女性客人很興奮地拆開禮物，發現自己已經有了一模一樣的禮物，怎麼可能又送一個……，當下吵了一架，女性客人立即去了機場等候補機位。

管家原來想要給客人的美意也沒了，反而還使得客人不開心。

十一、打包行李（Pack service）

下榻擁有管家服務的樓層，貴賓都能請管家協助打包行李。這不像在家中隨意的打包、裝箱，而是專業地將貴賓的衣物分門別類地包裝、吊掛或裝箱，必要時，協助填寫分裝小單提醒客人也是必要的。

管家有時會協助客人整理行李

飯店知識專欄

雖然在歐美國家，管家常需協助客人整理行李，但此一服務在整個大中華區還算不上風行。自西元2000年開始，管家服務大舉進駐了台灣國際型飯店，可畢竟還是華人的文化，在不麻煩人更不易相信人的個性下，管家服務起來總有些礙手礙腳，因此如何在短時間內得到貴賓的信任，則是管家的第一大課題，若無法得到信任，便不能提供服務，無法提供服務，又怎能一施長才？

在開始服務貴賓之前有許多課題要學習，拿整理行李來說，除了基本整理的配置、吊掛、摺疊外，有些禁忌則得格外留意，如什麼樣的物品要放在什麼樣的隨身袋中、袋子上需不需要註明何種內容物、什麼樣的物品不可以碰等等。當然，若碰到令管家覺得不舒適或有疑慮的物品，管家可不協助擺放、拆卸或使用。

十二、購物協助（Shopping assistance）

誠如管家一定的宗旨，存在是為了讓貴賓節省時間並提供更優質的服務。貴賓常因無法有多餘的時間自行購物，故時常將其需求告知管家，而由管家代為前往購回。而這看似簡單的工作，卻有許多服務的重點及技巧需要詢問及瞭解。不要以為貴賓要購買的一定都是百貨公司的產品，當然上萬的精品是有可能的，但有時可能也只是一包台灣有名的夜市小吃（有時用貴賓的語言來形容，要瞭解對方形容的物品，遠比管家去購買的時間還多得多……這也是這份工作的樂趣之一）。

實例分享

購買上的協助，小至食物、名產，大至精品、車子的購買，而管家需要留意的則是購物前的敏銳度及反應能力。怎麼說呢？如客人請管家代購食物，不單只是拿到錢去買那麼簡單，管家除了需要瞭解貴賓要買的食物種類，第一時間需問的問題也需一次問清楚，像有無指定品牌、口味、忌口、辣度、分量、預算等等。

有一次因貴賓來台時間過於忙碌，當天晚上與女友的紀念日需要去自行去挑禮物，但該貴賓的行程真的是太過於緊湊，時間無法銜接得上，於是只好請管家代勞。貴賓在告知預算及所需的禮品為求婚戒指後便匆忙離去。隨後，管家再次查了一下貴賓今天的行程表，從容地將平常的工作完成之後，在貴賓與其女友晚餐前的一小時，管家出門準備前往代購禮物。管家在出發前才發現，記得詢問預算卻忘了問有無指定品牌，於是打了第一次電話詢問，幸好貴賓尚未開始他的會議，於是管家確認了是T品牌之後，便再次連同預算及禮物為求婚戒指的需求，也再做了最後一次的確認。到了T品牌商家後，發現沒有問到戒圍和款式，於是管家只好硬著頭皮再次撥了電話給該貴賓，而電話的那頭已經是轉入會議模式，無法接聽。

十三、私人助理（Personal assistant）

當然除了飯店制式的管家服務外，最活用的工作內容不外乎是當貴賓的私人助理及擔任私人管家的時候了。不同的貴賓有不同的需要及希望完成的事件，而有別於私人管家二十四小時待命的時間充裕性，若只是個樓層管家，還要面臨貴賓退房時間的限制、交接班的正確完整度等。

以上的條列式工作概述，只是每日管家會遇到的工作內容。文字敘述可能有趣、好玩又充滿挑戰，事實上也是。管家總是不斷地從貴賓的需求中學習，並樂於接受新的問題。

實例分享

管家常在接收到某貴賓即將入住的消息時，第一時間便著手搜尋各個管道以便能更貼近貴賓需求，因此飯店與飯店管家間的聯絡網就愈見重要。當然除了同業間的互動，網路資訊也是管家的有利工具之一，但要留意所有的資源都只能參考用，最重要的是服務期間的敏感和細心，如此一來貴賓所有的喜好都會是最正確無誤的。

曾在準備接待一組內地富二代貴賓團之前，接收到的資訊為整團會四處玩樂、日夜顛倒、待人無禮等。負責管家及主管團隊無一不上緊發條，除了貴賓不可怠慢外，當然也攸關飯店名譽，但所有的緊張在迎賓時的那一刻便立即改變。富二代貴賓們自抵達下車時，便相當有禮地回應管家的問候並接受主管團隊的介紹。然而來到台灣，玩樂是一定的，可卻沒有流言中的什麼日夜顛倒、待人無禮，就連和管家約定回飯店的時間延遲，都還會提醒司機要打給管家呢！

所以，所有的資訊來源真的只能參考，不過即使如此，在接待前繃緊神經並小心應對還是好的，十足的準備是專業管家應有的態度。但也許是因為隔外的小心才得以讓所有事務順利吧。

所以如同前面所說的，所有飯店提供的管家服務大同小異，真正不同的應該是管家所帶給你的服務及感覺。管家當然也可以照著飯店指南上的管家服務唸個一、二條給客人聽，又或是更貼心一點在照本宣科之後，可以問一下客人是否有其他需要服務的，但多問一句或多做一些都是管家應該做到的，不然你就和一般的服務人員沒什麼不同，那麼也就枉費了你想當管家的行動。

幫客人準備禮物、花束

協助安排驚喜

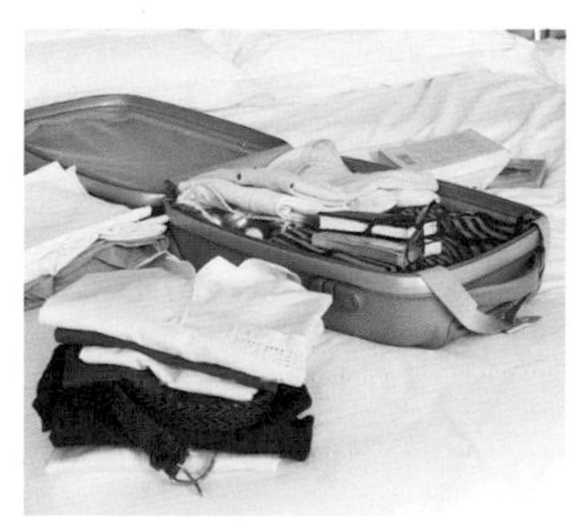

協助客人整理行李

實例分享

在服務業工作的飯店人，三不五時會有出差的機會，廚房出差大多為了觀摩別人的菜色、擺飾，客房部當然是看一些別人的服務態度、流程等，而難免會有一些職業病，就是即使是自己的休假和家人一起住飯店，都會不自覺地專注在別人的這些事務上。

有一次出差至某國際飯店試住，為的就是瞭解一下別人的管家能提供些什麼服務。從進飯店開始便引首盼望，期盼有位管家會來向我問候，但進入了大廳後，也只是告知我電梯的位置，並要我自行上樓辦理入住手續。

到了有管家服務的樓層後，出了電梯直走到櫃檯，櫃檯的服務人員抬起頭來看了我一眼（她的眼神有些上下打量的感覺），打了招呼後，請我坐下。

沒有特別於一般飯店的住房手續，但倒是有服務人員一路帶我到我的房間。往房間的路上，我試圖與服務人員說話（這不是應該是他的工作嗎？），也職業病地試探性詢問一下，管家可以提供什麼服務。沒想到服務人員回答我：房內有飯店指南可以參考！當下我真是覺得貴飯店的服務真是好啊！而在簡單地看了很一般的管家服務介紹後，決定打電話當一般客人詢問一下內容細節。

在很專業的問候及自我介紹後，我很興奮地問了管家：請問你們可以提供什麼服務？而對方也只是很機械式的回答：那你需要什麼服務？

個案思考

1.如果這家飯店沒有提供管家服務，可是有很重要的貴賓要入住總統套房，你覺得哪一個部門的同仁最適合去接待這位貴賓？為什麼？

2.如果當我擔任私人管家時，每當我詢問貴賓有無需要什麼服務時他都說沒有，那是不是就可以解除值班了？反正也都沒事。

3.什麼樣的物品會讓管家在協助整理或打包行李時覺得不舒服？

Chapter 2

組織與工作內容

第一節　飯店組織

第二節　管家部門組織表及職等分類

第一節　飯店組織

一、飯店組織圖

大部分飯店組織如**圖2-1**。而部門或單位的多寡與規模有關，有些較大規模的飯店會分工較細，相對地部門或單位也會較多。較小型飯店有的部門或單位則是選擇使用外包的方式。

(一)總經理室

總經理為飯店最高的領導者，對上要向業主負責飯店營業額，對外要提供優良的服務品質，讓顧客在各個方面都能感到滿意，對下要讓全體員工喜歡飯店內的工作並激發其向心力。而總經理室內的編制大多為總經理、副總經理、執行秘書、副總秘書等，多為飯店主要決策者。

(二)人事部

人事部門之下可分為人資管理單位、勞工安全管理單位及訓練單位等。人資管理單位負責全館人事召募（學校召募、面試、任用、報到、考

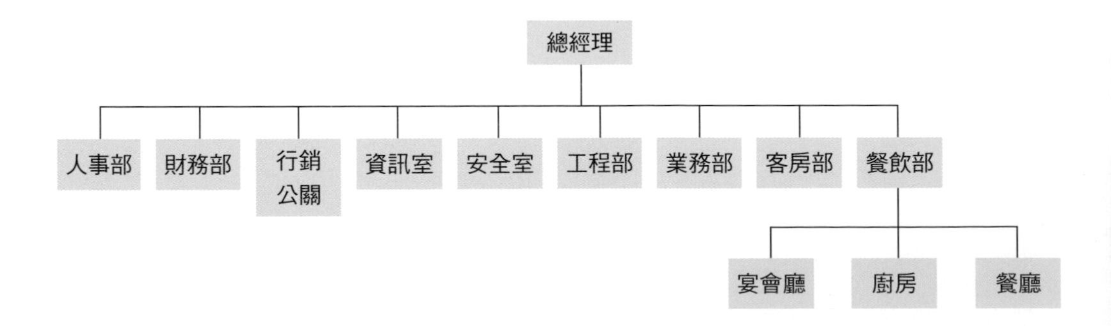

圖 2-1　大部分的飯店組織圖

核、獎懲、晉升等），勞工安全管理單位負責勞工規範的輔導、工作環境的安全等，全館的集中課程訓練則由訓練單位負責，而集中課程不外乎為：職前訓練、工作安全、CPR及AED的操作、飯店文化、品牌核心價值及一些專業課程的安排，如顧客抱怨、時間管理、外語課程等。當然，各部門的內部訓練課程安排也都會由訓練部門來檢視。

飯店知識專欄

CPR及AED為目前飯店從業人員（尤其是在第一線的營運工作人員）必須學習，且每半年至一年需重新上課複習的專業技能課程。當然，健身房人員（教練）是一定要備有其證照的。

一、心肺復甦術（Cardiopulmonary Resuscitation, CPR）

自2010年起，CPR流程被大幅簡化，新版改為先實行C步驟（胸部按壓），再實行A步驟（保持呼吸暢通），接著B步驟（人工呼吸）。

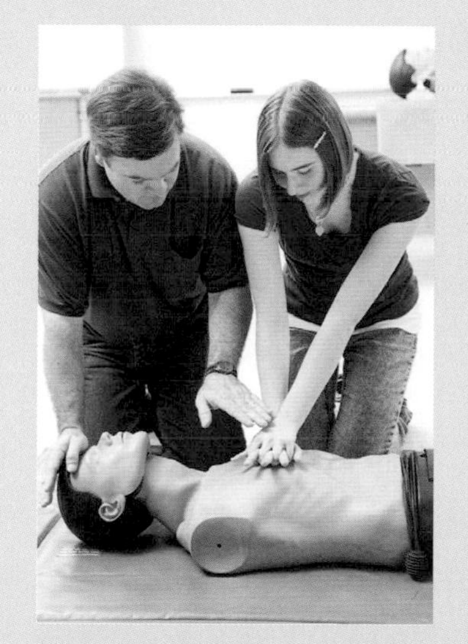

飯店人員應學會心肺復甦術（CPR），在緊急事故時說不定能救人一命

(一)心跳停止及生存之鏈

大多數心跳停止的患者，其心臟會在某個時間點，出現心室纖維顫動。心室纖維顫動有一些進程，倘若去顫術能在患者倒下之五分鐘內施行，則整體急救將有最大的成功率。正因為大部分的突發狀況並不會在五分鐘內就有醫護人員到達患者身邊，因此，要達到最高的存活率，只能仰賴一般大眾對心肺復甦

術的熟稔。

在車站、機場、客機、賭場及許多公共場合中常見的AED（自動體外心臟去顫器），已經被證明了結合CPR可得到特別高的救活率（目前國際型飯店已被要求至少備有二台以上的AED，以備不時之需，而健身房則是固定擺放的場所）。心肺復甦術不管是在電擊前或電擊後，都扮演著很重要的角色。當心室纖維顫動造成的急性心跳停止發生，若心肺復甦術能在第一時間施行，則患者的生存機會將提高二至三倍。在此情況下，心肺復甦術必須一直持續到自動體外去顫器或手動去顫器的到來。倘若患者歷經了五分鐘左右的心室纖維顫動而沒有接受任何處置，則先施行短暫的心肺復甦術（將血液推到大腦及心臟）再施行去顫的手段，已知可比直接施行去顫術，得到更好的成果。而電擊完後立即再施行心肺復甦術（不要浪費時間檢查患者），也是一樣重要的，因大部分的患者在電擊後都呈現心跳停止或無脈搏電流活動，而心肺復甦可能將上述情形轉換成灌流性心律。並非所有的死亡都是來自急性心搏停止及心室纖維顫動。有未知比例的患者，其猝倒的病因是窒息，例如溺水或藥物中毒。而在兒童部分，窒息則是占最大部分急性心跳停止的病因（在成人，最大的病因為心室纖維顫動），約5至15%才是來自心室纖維顫動。在動物的實驗上，證實了在窒息時，最好的急救成果，來自於壓胸及換氣，然而，即使沒有人工呼吸，光是胸部按壓，也比什麼都不做，還來得成效高。

單人施救：以2：30的比率同時進行人工呼吸及體外心臟壓法，即在患者胸部施壓 30次，然後再深吹氣2次，由於灌氣時必須暫停施壓，因此連續30次的施壓時須以每分鐘80次較快速進行，以取得每分鐘施壓60次之實際效果（2：30）。

(二)非專業與專業施救者之心肺復甦術之不同

心肺復甦術的技術，會根據施救者是否具有醫療專業背景，而有不同的建議，其建議如下：

非專業性施救者給予無反應之患者兩次急救換氣後，應立即施行壓胸及換氣。意即，當一般民眾遇到無反應的患者時，他們不需要去學習評估脈搏或循環徵象。

非專業性施救者不再學習單獨施予急救換氣而無壓胸的相關技巧。

若只有一名急救員在場時，急救步驟應該根據患者最可能的病因而有所變化。當一個人突然倒下，不論那個人的年齡為何，在場的單獨的急救員應立即打電話給緊急醫療系統並取得AED（若在場隨手可得），之後應立即施行心肺復甦術及使用AED。

當一個人可能因窒息性心搏停止（如溺水）而無任何反應時，不論那個人的年齡為何，在場的單獨的急救員應先給予五輪（約兩分鐘）的心肺復甦術，再離開患者去打電話給緊急醫療系統並取得AED，接著再回來繼續施行心肺復甦術，並使用AED。

面對一個無反應、無呼吸的患者，急救員應在施予兩次急救換氣後試著去感覺脈搏，此動作不能超過十秒鐘。若急救員無法在十秒鐘內判定眼前的病患是否有脈搏，此時應當立即開始週期性的壓胸及換氣。

當一個人呼吸停止但有灌流性心律（即有脈搏）時，急救員應施予急救換氣（不做壓胸），建議速率在成年患者為每分鐘10至12次，嬰兒及兒童患者為每分鐘12至20次。

二、自動體外心臟去顫器（Automated External Defibrillator, AED）

中文名又稱為自動體外電擊器、自動電擊器、自動去顫器、心臟去顫器及傻瓜電擊器。

自動體外心臟去顫器，於傷者脈搏停止時使用。然而它並不會對無心律，即心電圖呈水平直線的傷者作出電擊。簡而言之，使用去顫

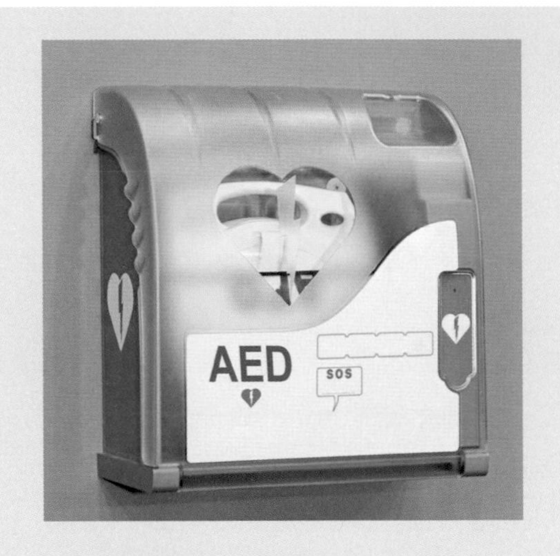

自動體外心臟去顫器（AED）

器並非讓傷患者恢復心跳，那是許多節目的誤導，而是使心律亂跳的情況停止，待心臟停止後再實行心臟按摩恢復心跳。

自動體外心臟去顫器是針對以下兩種病患而設計的：

1.心室纖維性顫動。

2.沒有脈搏的心室心動過速。

此一訓練簡單易懂，且各大營業場所（含捷運站）正積極要求備妥這項救命設備。

CPR及AED若有受過訓練在需求時能交叉使用，則能發揮急救之最大效益。以上部分資料來自維基百科網路資訊。

(三)財務部

財務部主要負責預算核定、餐廳營收管理（餐廳零用金、當日餐廳現金營收、預收訂金等）、客房營收管理（櫃檯零用金、外幣兌換、當日客房營收、簽帳、佣金、預付訂金等）、成本控制、總出納、薪資管理、倉庫進出貨、採購、驗收等。

(四)行銷公關

此部門通常設有公關組及美工組等。公關組負責所有對外發言、館內活動策劃、異業合作、媒體互動等；美工組則專注於所有文宣品、包裝、指標是否符合品牌形象，當然更多時候是要設計出各餐廳或單位所要求的需求物，如餐廳用菜卡、海報，客房用的打掃中吊牌、旅客登記卡的設計等。

(五)資訊部

資訊部負責館內所有電腦系統維護、電腦系統設計、客用電腦問題排解、電腦使用的教育訓練等。

(六)安全部

安全部負責館內同仁及客人的安全、定期的反針孔測試、消防安全的教育訓練、定點巡邏、協助處理緊急事件，以及協助管家服務貴賓時，安排電梯的控制等。

(七)工程部

負責全館電力輸送、檢測、維修，木工的修補，所有營業設備的修繕等，大至整間飯店的翻修，小至燈具的更換、水管不通的問題。依飯店規模有負責水電、木工、消防安全、鍋爐技術等的專業分別。

(八)業務部

其實飯店業務分為宴會業務（Banquet Sales）及客房業務（Room Sales）兩種。

◆宴會業務

大多歸屬在宴會廳，負責婚喪喜慶的安排策劃，如文定儀式、新人結婚、生日派對或多功能會議、國際研討、產品發表等，從帶著客人看現場空間的大小、桌數（型）的安排、桌布的色系、菜單價位的選擇等都是工作的重點。

宴會業務是飯店的重要收入之一

◆客房業務

如部門名稱所示，客房業務銷售的就是客房，而銷售對象則以大型公司行號及簽約公司為最主要的通路，業務需要不停地開發新客源或維護原有的合作客戶，而管家負責的貴賓有一半以上都是來自於業務的Top 10 VIP。當然除了單獨隻身來台談生意的貴賓，也有一個團體（大多數飯店以同一家公司或人名訂房八間以上歸類於團體入住客）入住的貴賓團。對於國際飯店而言，一般也是會有許多的FIT（散客）入住，像這樣的客人則是自行透過飯店本身官網或飯店國內外網路平台（目前國內較有名的網路訂房通路為EZ Travel易遊網、旭海，而國外的則是樂天、Agoda、Expedia等）而來的，非經客房業務介紹，而這樣的客群則由飯店的訂房組同仁來給予協助與服務。

自助行的客人常會利用網路來預訂飯店房間和安排旅遊行程

飯店知識專欄

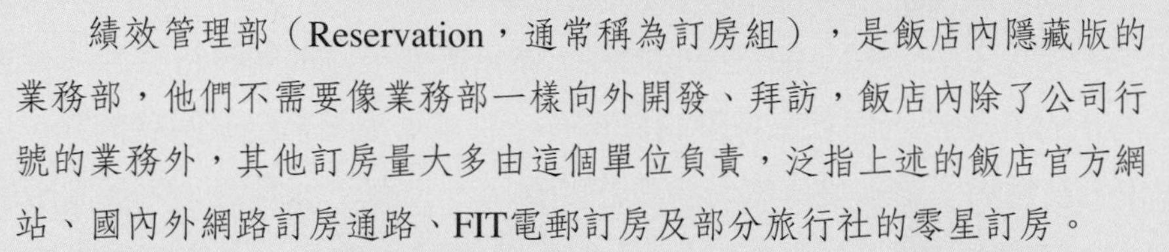

績效管理部（Reservation，通常稱為訂房組），是飯店內隱藏版的業務部，他們不需要像業務部一樣向外開發、拜訪，飯店內除了公司行號的業務外，其他訂房量大多由這個單位負責，泛指上述的飯店官方網站、國內外網路訂房通路、FIT電郵訂房及部分旅行社的零星訂房。

而這個單位同總機一般，每天有接不完的內 / 外線電話，且都是默默在後勤工作且抗壓性十分強的工作同仁。怎麼說呢？他們每天面對著電腦螢幕和不間斷的電話詢問，上一秒親切可人的問候及解答，下一秒掛上電話後的咒罵……但厲害的是，可能還在氣頭上的同仁，在電話響起後，又能立刻恢復那溫暖友善的專業。

這個工作要不人格分裂，應該也很難吧！

(九)餐飲部

餐飲部辦公室人員組織為餐飲部最高主管（多為餐飲部副總或協理級）、秘書、各餐廳經理及主廚。餐飲部最高主管大多擁有餐廳營業方向的最終策略決定權，並同時管理外場經理和內場主廚。外場經理多以員工教育訓練、促進營業額及顧客聯繫為主要工作；而內場主廚當然也以員工教育訓練為優先，而食物衛生安全及菜餚美味才是師傅的專業。

所謂的外場大致上分有：領檯、Cashier、現場服務人員、跑菜、現場幹部等。

◆領檯

負責安排今天客人的座位，以訂位人數或該客人的喜好安排合適的位置或包廂。

領檯人員在餐廳門口歡迎客人並引導客人就座

◆Cashier

負責當班每一筆帳單並以正確的方式進行折扣及結帳。

◆現場服務人員

依今日劃分到的負責區域，檢查是否有已經預定好的菜單、酒水，餐具是否足夠，有無需要特別留意的客人等。

◆跑菜

檢查是否有已經預定好的菜單、包廂點單、與師傅隨時地確認餐點的速度、若遇有食材短缺問題要第一時間告知現場幹部、送菜進現場時要帶回需清潔之餐具，基本上是外場與內場的溝通橋樑。

◆現場幹部

依當日訂席安排合宜的人員在現場或包廂服務，確認各區已預定之菜單及主客名字並傳達給負責的同仁知悉，瞭解今天需促銷之菜色，負責與現場客人互動，以瞭解客人對餐點及服務的滿意度等。

(十)客房部

客房、餐飲及業務部是任何一家飯店的重要三大核心，畢竟也是這些單位負責對外招攬生意的。而客房部這二字拆出來，就是由客務部的客及房務部的房字組成的，如之前提過自西元2000年左右，多了一個新興單位來和客務、房務平行，那就是本書的重點：管家部。客務部主要以第一線接觸房客為主，從門衛指引車輛的停放、開車門帶領房客至櫃檯辦理入住登記、櫃檯人員協助查詢訂房資料到辦理好手續、行李員陪同房客上樓並將行李送房、退房後的核對帳目，工作以進入飯店到離開飯店為主。那麼住宿期間的協助呢？

房務部工作則在負責客房的整潔，從預進客的房間檢查及清潔、住宿期間的打掃及補充備品，到退房後的恢復和維護。那麼住宿期間與房客

當客人抵達飯店時，服務人員要儘快主動上前開車門，歡迎客人蒞臨

的互動呢？

以上二個問號說明了管家存在的必要性，客務部及房務部的同仁各司其職，在長期以來，制式又穩定的工作模式下提供房客一定的服務，更多的服務與關心則由管家來提供，於是亞洲區漸漸有了這樣的一種管家服務。

二、客房部組織介紹

管家部門大多隸屬於客房部，管家部與客務部及房務部並列在客房部協理（Director of Rooms，DOR）的管理之下，並與這二大部門有著十分密集的互動。

當然，有的飯店並不會有獨立的管家部，那麼他們的管家從那裏來服務貴賓呢？

若有服務貴賓上的需求則從各相關單位中調派合宜的人選；又或有許多飯店會將管家部合併在客務部或房務部底下。

(一)客務部（Front Office）

1.櫃檯（Front Desk）。

2.服務中心（Concierge）。

3.客服總機（Guest Service Center）。

4.商務中心（Business Center）。

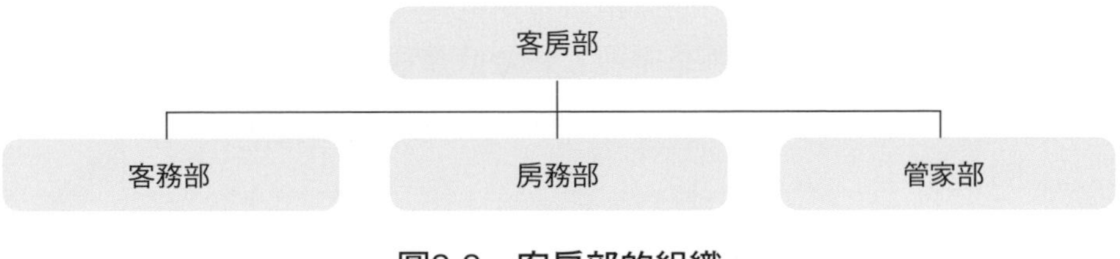

圖2-2　客房部的組織

(二)房務部（Housekeeping）

1.房務人員（Room Maid）。

2.辦公室房控員（Clark）。

3.管衣室（Laundry）。

4.公共清潔人員（Public Area Server）。

(三)管家部（Butler）

1.管家（Butler）。

2.行政貴賓廳（Executive Lounge）。

3.客房餐飲（In Room Dining）。

註：以上客房部部門及單位編列，參考台北寒舍艾美酒店編制。

實例分享

多數備有管家服務的飯店，其部門及工作內容分布皆有不同。較大型的飯店，管家部門只需單純負責較大套房的貴賓之相關事務，而房間數量不多的小型飯店，所提供的管家則會以多單位合併服務。

雖這樣的組織合併，管家部門會較辛苦，學成時間可能也會拉長，但在這樣的全方位學習之下，管家也能較多職能的發揮。

筆者在上海的國際型五星級飯店學習觀摩時也發現，從客人踏進飯店起，便有稱之為管家的櫃檯服務人員協助辦理住宿手續，撥打客服電話時，該工作人員的問候也以管家結尾，讓人入住到退房都能有管家的服務，只是這樣的全體都是管家的飯店是否連服務都能專業、到位？而企業體和部門主管又是否能全力支持這樣的飯店形象和全方位訓練呢？

第二節　管家部門組織表及職等分類

管家部門大多維持以下職等，雖然其目標宗旨都在於如何提供尊榮感給選擇下榻飯店的貴賓，但畢竟是在飯店的體制下，每一個位階都有除了服務貴賓外，需要學習並負擔的工作項目。

1. 管家部經理（Manager of Butler Service），或又可稱總管家（Head Butler or Chief Butler）。
2. 管家部副理（Assistance Manager of Butler Service）。
3. 管家部主任（Supervisor of Butler Service）。
4. 管家部組長（Shift Leader of Butler Service）。
5. 管家（Butler）。
6. 管家秘書（Sectary of Butler Department）。

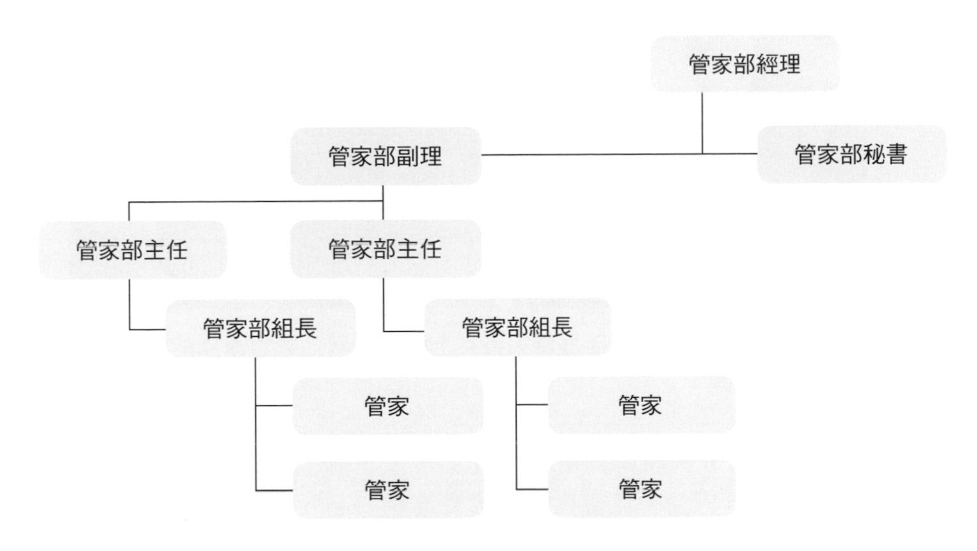

圖2-3　管家部門的組織

飯店知識專欄

管家部門人數依不同飯店及客房數而有不同的編制，而工作的內容也是單一執行管家服務或合併其他單位工作。

在台灣的大多數飯店管家，英文能力是必備的，而中文原本就是我們的母語，會台灣話也是一種加分，部分中國大陸的高官及新加坡、馬來西亞的貴賓亦說此種語言。當然若會說第三國語言則為部門的優勢，因此在台灣的飯店管家除英文、日文，甚至法文、西班牙文也許都能溝通。因此在飯店內，偶爾會有日籍管家或其他國家籍管家來接待該國貴賓，以展示飯店的國際性及親切感。

到飯店時，不妨留意一下，有些服務人員會在胸前配掛可說語言的國家國旗，例如：日本客人需要協助時，可仔細注意一下飯店服務人員胸前配掛的日本國旗，讓人覺得這是種低調且貼心的服務，並能讓旅客們容易辨識。

若留心觀察，會發現有些飯店服務人員身上配戴了其他國家國旗的徽章，表示其精通該國語言

當然現在也有國際型飯店將服務分得更精細，像台北晶華飯店就將服務做到更加到位，該飯店直接依貴賓的國籍，提供更專業的貴賓服務。

中國貴賓服務經理的名片

職等分類和工作職掌

工作職掌（Job Description）

部門：管家部

職稱：管家

向誰負責：管家以上職務

工作目標：依飯店的服務標準程序，提供每位VIP客人在住宿期間及點用客房餐飲時有難忘且個人化的服務，確保客人下榻飯店有美好的經驗。

1.提供優質服務並協助VIP客人。

2.與櫃檯、房務及相關部門緊密聯繫，滿足客人需求。

3.用正面積極的態度，回應客人的要求、評論及抱怨。

4.為當天預進的客人打造房內氣氛，並放置適當的備品。

5.檢查工作環境及各備餐區的清潔度，和隨時確認備品是否足夠。
6.用熱情的方式並且穿著乾淨整齊的制服，到飯店門口等候和歡迎貴賓。
7.適時提供客人迎賓飲料或其他飲品。
8.當客人需要時，提供整理以及打包行李的服務。
9.介紹房內環境和設施，並且解釋房間特色。
10.提供送、洗衣服務。
11.提供擦鞋服務。
12.協助客人餐廳、SPA、電影、觀光和機場接送等的預約服務。
13.適時協助客人購買特別的物品。
14.在客人預計離開房間時提供下行李服務，確認客人是否有個愉快的住宿經驗，並即時詢問是否需要任何其他協助。
15.當客人退房時，需主動協助客人確認房內抽屜、衣櫥、保險箱等處

為客人準備豐盛的餐點

之內，是否還有遺留物。

16.當客人有訂車時，需協助確認禮賓服務部車子是否已經準備好。

17.如果客人有點客房餐飲，從餐點的開始到結束，確實提供合宜的服務流程，力求高標準的專業服務和客製化的個人服務，以達到最高滿意度。

18.時常逐項檢視服務流程。

19.確認食物的遞送和服務要準時。

20.隨時提供有禮貌和專業客製化的個人服務。

21.需備有櫃檯工作技能及餐飲服務知識的運用。

22.擔任私人管家或貴賓廳櫃檯時，對客人的帳單和付款方式負責。

23.擔任私人管家、客房餐飲辦公室值班人員或貴賓廳櫃檯時，依照付款方式，例如：現金、信用卡、house use、房帳……支付費用。

24.確認帳單金額和實收金額相符。

25.以有禮貌和有效率的態度處理客人的詢問，如果客人的抱怨和問題無法立即解決，需立刻向組長級以上主管通報並且追蹤結果。

26.出席館內相關部門的會議和訓練。

27.熟悉菜單和飲料單內容，並且有能力協助客人菜色和飲料的推薦和搭配。

28.熟悉館內各項服務和設施。

29.熟悉部門相關SOP（工作內容請參照：管家、客房餐飲、行政貴賓廳的各項SOP）。

30.隨時維持高品質的個人儀容和衛生。

31.隨時維持館內服儀標準。

32.隨時保持低調、保護客人隱私的專業態度。

33.工作期間不可與客人合照、要簽名，並禮貌性婉拒其他部門之相關要求（亦不可透露客人行程）。

34.和辦公室及其他部門同事保持和維持良好互動關係。

35.留意備品的存貨和降低損壞及浪費。

36.和客人建立良好互動關係。

37.建立顧客喜好資料並持續追蹤。

38.隨時準備能夠接受24小時私人管家的指派。

39.瞭解並嚴格遵守員工守則及飯店消防、衛生、健康與安全政策。

40.隨時表現正面與積極的態度並執行自我管理。

41.完成值班各班別應完成之事項並呈報當班主管。

42.積極配合館內資源回收政策並且確實回收、重複使用任何可再利用的物品。

43.接受主管指派的工作並負責。

44.隨時擁有彈性且有智慧的專業工作態度。

工作職掌（Job Description）

部門：管家部

職稱：管家部組長

向誰負責：組長級以上職務

工作目標：確保給予客人正確的服務標準，讓貴賓能留下難忘的住宿回憶。負責提供部門一個友善的工作環境，以及協助維持和貴賓之間的良好互動。對部門同仁負責並隨時回報給組長級以上主管訊息，確保團隊提供正確的服務標準，跟隨主管超越目標，並確認營運的順暢。

1.提供優質服務並協助VIP客人。

2.與櫃檯、房務及相關部門緊密聯繫，滿足客人需求。

3.用正面積極的態度，回應客人的要求、評論及抱怨。

4.為當天預進的客人打造房內氣氛，並放置適當的備品。
5.檢查工作環境及各備餐區的清潔度，和隨時確認備品是否足夠。
6.用熱情的方式並且穿著乾淨整齊的制服，到飯店門口等候和歡迎貴賓。
7.適時提供客人迎賓飲料或其他飲品。
8.當客人需要時，提供整理以及打包行李的服務。
9.介紹房內環境和設施，並且解釋房間特色。
10.提供送、洗衣服務。
11.提供擦鞋服務。
12.協助客人餐廳、SPA、電影、觀光和機場接送等的預約服務。
13.適時協助客人購買特別的物品。
14.在客人預計離開房間時提供下行李服務，確認客人是否有個愉快的住宿經驗，並即時詢問是否需要任何其他協助。
15.當客人退房時，需主動協助客人確認房內抽屜、衣櫥、保險箱等處之內，是否還有遺留物。
16.當客人有訂車時，需協助確認禮賓服務部車子是否已經準備好。

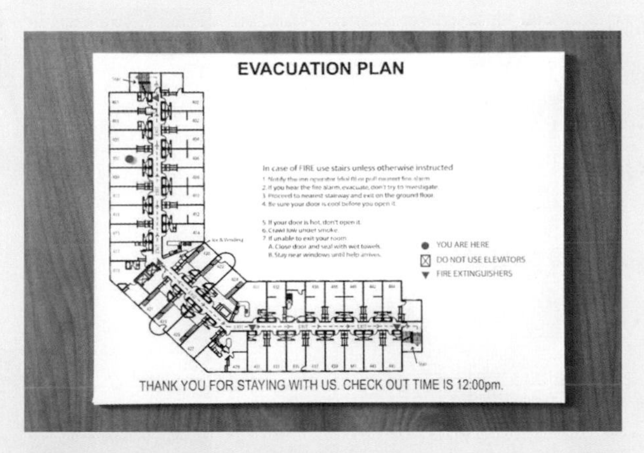

管家要為客人介紹房間環境及設施，並請客人注意緊急事故發生時的避難方向

17.如果客人有點客房餐飲，從餐點的開始到結束，確實提供合宜的服務流程，力求高標準的專業服務和客製化的個人服務，以達到最高滿意度。

18.時常逐項檢視服務流程。

19.確認食物的遞送和服務要準時。

20.隨時提供有禮貌和專業客製化的個人服務。

21.需備有櫃檯工作技能及餐飲服務知識的運用。

22.擔任私人管家或貴賓廳櫃檯時，對客人的帳單和付款方式負責。

23.擔任私人管家、客房餐飲辦公室值班人員或貴賓廳櫃檯時，依照付款方式，例如：現金、信用卡、house use、房帳……支付費用。

24.確認帳單金額和實收金額相符。

25.以有禮貌和有效率的態度處理客人的詢問，如果客人的抱怨和問題無法立即解決，需立刻向主任級以上主管通報並且追蹤結果。

26.出席館內相關部門的會議和訓練。

27.熟悉菜單和飲料單內容，並且有能力協助客人菜色和飲料的推薦和搭配。

28.熟悉館內各項服務和設施。

29.熟悉部門相關SOP（工作內容請參照：管家、客房餐飲、行政貴賓廳的各項SOP……）。

30.隨時維持高品質的個人儀容和衛生。

31.隨時維持館內服儀標準。

32.隨時保持低調、保護客人隱私的專業態度。

33.工作期間不可與客人合照、要簽名，並禮貌性婉拒其他部門之相關要求（亦不可透露客人行程）。

為客人準備貼心的小禮物

34.和辦公室及其他部門同事保持和維持良好互動關係。
35.留意備品的存貨和降低損壞及浪費。
36.和客人建立良好互動關係。
37.建立顧客喜好資料並持續追蹤。
38.隨時準備能夠接受24小時私人管家的指派。
39.瞭解並嚴格遵守員工守則及飯店消防、衛生、健康與安全政策。
40.隨時表現正面與積極的態度並執行自我管理。
41.完成值班各班別應完成之事項並呈報當班主管。
42.積極配合館內資源回收政策並且確實回收、重複使用任何可再利用的物品。
43.接受主管指派的工作並負責。
44.隨時擁有彈性且有智慧的專業工作態度。
45.值班中抽查／檢視所有客房餐飲點單，以確保擺設及菜色達到最高標準。
46.值班中抽查／檢視所有貴賓廳同仁作業正確，以確保旅客登記卡或結帳方式等相關服務，達到最高標準。
47.理解並嚴格遵守建立在員工手冊和飯店的消防、衛生、健康和安全的政策、規則及規例。
48.永遠展現出正面、積極的工作態度，並不時地鍛鍊自我的情緒控制。
49.完成各班別的工作檢查表，將當日發現的問題提交給主管進行報告後找出解決方案，並於例會中提出。
50.能適時地協助部門追蹤或協調工作事宜。
51.在部門中能擔任訓練／輔導員的角色。
52.具有撰寫SOP的能力。
53.將被指派的工作事項準時地交付主管，並能有效提出改善或完善的計畫。
54.接受其他指定給組長的工作和責任。

工作職掌（Job Description）

部門：管家部

職稱：管家部主任

向誰負責：主任級以上職務

工作目標：確保給予客人正確的服務標準，讓貴賓能留下難忘的住宿回憶。負責提供部門一個友善的工作環境，以及協助維持和貴賓之間的良好互動。對部門同仁負責並隨時回報給主任級以上主管訊息，確保團隊提供正確的服務標準，跟隨主管超越目標，並確認營運的順暢。

1.提供優質服務並協助VIP客人。

2.與櫃檯、房務及相關部門緊密聯繫，滿足客人需求。

3.用正面積極的態度，回應客人的要求、評論及抱怨。

4.為當天預進的客人打造房內氣氛，並放置適當的備品。

5.隨時抽查工作環境及各備餐區的清潔度，和隨時確認備品是否足夠。

針對不同客人做特殊安排與布置

6.用熱情的方式並且穿著乾淨整齊的制服，到飯店門口等候和歡迎貴賓。
7.適時提供客人迎賓飲料或其他飲品。
8.當客人需要時，提供整理以及打包行李的服務。
9.介紹房內環境和設施，並且解釋房間特色。
10.提供送、洗衣服務。
11.提供擦鞋服務。
12.協助客人餐廳、SPA、電影、觀光和機場接送等的預約服務。
13.適時協助客人購買特別的物品。
14.在客人預計離開房間時提供下行李服務，確認客人是否有個愉快的住宿經驗，並即時詢問是否需要任何其他協助。
15.當客人退房時，需主動協助客人確認房內抽屜、衣櫥、保險箱等處之內，是否還有遺留物。
16.當客人有訂車時，需協助確認禮賓服務部車子是否已經準備好。
17.如果客人有點客房餐飲，從餐點的開始到結束，確實提供合宜的服務流程，力求高標準的專業服務和客製化的個人服務，以達到最高滿意度。
18.時常逐項檢視服務流程。
19.確認食物的遞送和服務要準時。
20.隨時提供有禮貌和專業客製化的個人服務。
21.需備有櫃檯工作技能及餐飲服務知識的運用。
22.擔任私人管家或貴賓廳櫃檯時，對客人的帳單和付款方式負責。
23.擔任私人管家、客房餐飲辦公室值班人員或貴賓廳櫃檯時，依照付款方式，例如：現金、信用卡、house use、房帳……支付費用。
24.確認帳單金額和實收金額相符。
25.以有禮貌和有效率的態度處理客人的詢問，如果客人的抱怨和問題無法立即解決，需立刻向副理級以上主管通報並且追蹤結果。

26.出席館內相關部門的會議和訓練。

27.熟悉菜單和飲料單內容，並且有能力協助客人菜色和飲料的推薦和搭配。

客人需要客房餐飲服務時能推薦適合菜餚並儘快（或準時）送餐

28.熟悉館內各項服務和設施。

29.熟悉部門相關SOP（工作內容請參照：管家、客房餐飲、行政貴賓廳的各項SOP……）。

30.隨時維持高品質的個人儀容和衛生。

31.隨時維持館內服儀標準。

32.隨時保持低調、保護客人隱私的專業態度。

33.工作期間不可與客人合照、要簽名，並禮貌性婉拒其他部門之相要求（亦不可透露客人行程）。

34.和辦公室及其他部門同事保持和維持良好互動關係。

35.留意備品的存貨和降低損壞及浪費。

36.和客人建立良好互動關係。

37.建立顧客喜好資料並持續追蹤。

38.隨時準備能夠接受24小時私人管家的指派。

39.瞭解並嚴格遵守員工守則及飯店消防、衛生、健康與安全政策。

40.隨時表現正面與積極的態度並執行自我管理。

41.完成值班各班別應完成之事項並呈報當班主管。

42.積極配合館內資源回收政策並且確實回收、重複使用任何可再利用的物品。

43.接受主管指派的工作並負責。

44.隨時擁有彈性且有智慧的專業工作態度。

45.值班中抽查／檢視所有客房餐飲點單，以確保擺設及菜色達到最高標準。

46.值班中抽查／檢視所有貴賓廳同仁作業正確，以確保旅客登記卡或結帳方式等相關服務，達到最高標準。

47.理解並嚴格遵守建立在員工手冊和飯店的消防、衛生、健康和安全的政策、規則及規例。

48.永遠展現出正面、積極的工作態度，並不時地鍛鍊自我的情緒控制。

49.完成各班別的工作檢查表，將當日發現的問題提交給主管進行報告後找出解決方案，並於例會中提出。

50.能適時地協助部門追蹤或協調工作事宜。

51.具有撰寫SOP的能力。

52.在部門中能擔任訓練／輔導員的角色。

53.每日營業報告審查，追蹤需執行或未執行的事項。

54.處理任何需要決策的事務，並回報給副／經理知情。

55.主動訓練部門成員如何用積極的態度去應對客人的要求、意見和抱怨。

56.確認每日入住賓客與安排之管家皆有互動，並提供優質的管家服務。

57.檢視客人與部門之間的日常工作跟管理問題。

58.確保所有管家都接受到所有相關領域的訓練。

59.負責所有管家的訓練都能到達標準。

60.計畫跟編製管家訓練課程。

61.確保部門成員正確記錄客人的喜好。

62.確認顧客抱怨跟需求都能有效地被處理。

63.檢視部門營運、關心服務事務，包括客人需求、抱怨和意見。

64.檢視員工打卡、刷卡記錄，以確保正確的薪資。

65.檢視班表，以確保人力編制可以應付工作上的需求，以及讓顧客得到滿意的服務。

66.負責檢視客房餐飲的顧客意見，若遇顧客提出意見，需立即回覆並回報給副 / 經理知情。

67.巡視工作範圍，確保設備皆為正常使用中。

68.必要時準時參加主管指派之會議。

69.隨時都能保持著正面、積極的自我要求。

70.確保管家在工作時堅守飯店政策與程序。

71.將被指派的工作事項準時地交付主管，並能有效提出改善或完善的計畫。

72.接受其他指定給主任的工作和責任。

工作職掌（Job Description）

部門：管家部

職稱：管家部副理

向誰負責：副理級以上職務

工作目標：確保給予客人正確的服務標準，讓貴賓能留下難忘的住宿回憶。負責提供部門一個友善且高標準的工作環境和要求，以及協助維持和貴賓之間的良好互動，同時在能維護成本的基準下，亦能保持提供給貴賓最好的服務品質。

1.提供優質服務並協助VIP客人。

2.與櫃檯、房務及相關部門緊密聯繫，滿足客人需求。

3.用正面積極的態度，回應客人的要求、評論及抱怨。

4.為當天預進的客人打造房內氣氛，並放置適當的備品。

5.隨時抽查工作環境及各備餐區的清潔度，和隨時確認備品是否足夠。

6.用熱情的方式並且穿著乾淨整齊的制服，到飯店門口等候和歡迎貴賓。

7.適時提供客人迎賓飲料或其他飲品。

迎客香檳及精美點心

8.當客人需要時，提供整理以及打包行李的服務。
9.介紹房內環境和設施，並且解釋房間特色。
10.提供送、洗衣服務。
11.提供擦鞋服務。
12.協助客人餐廳、SPA、電影、觀光和機場接送等的預約服務。
13.適時協助客人購買特別的物品。
14.在客人預計離開房間時提供下行李服務，確認客人是否有個愉快的住宿經驗，並即時詢問是否需要任何其他協助。
15.當客人退房時，需主動協助客人確認房內抽屜、衣櫥、保險箱等處之內，是否還有遺留物。
16.當客人有訂車時，需協助確認禮賓服務部車子是否已經準備好。
17.如果客人有點客房餐飲，從餐點的開始到結束，確實提供合宜的服務流程，力求高標準的專業服務和客製化的個人服務，以達到最高滿意度。
18.時常逐項檢視服務流程。
19.確認食物的遞送和服務要準時。
20.隨時提供有禮貌和專業客製化的個人服務。
21.需備有櫃檯工作技能及餐飲服務知識的運用。
22.擔任私人管家或貴賓廳櫃檯時，對客人的帳單和付款方式負責。
23.擔任私人管家、客房餐飲辦公室值班人員或貴賓廳櫃檯時，依照付款方式，例如：現金、信用卡、house use、房帳……支付費用。
24.確認帳單金額和實收金額相符。
25.以有禮貌和有效率的態度處理客人的詢問，如果客人的抱怨和問題無法立即解決，需立刻向經理級以上主管通報並且追蹤結果。
26.出席館內相關部門的會議和訓練。
27.熟悉菜單和飲料單內容，並且有能力協助客人菜色和飲料的推薦和搭配。

28.熟悉館內各項服務和設施。

29.熟悉部門相關SOP（工作內容請參照：管家、客房餐飲、行政貴賓廳的各項SOP……）。

30.隨時維持高品質的個人儀容和衛生。

31.隨時維持館內服儀標準。

32.隨時保持低調、保護客人隱私的專業態度。

當房門掛出「請打掃房間」或「請勿打擾」的牌子時，應特別注意配合客人的需求

33.工作期間不可與客人合照、要簽名，並禮貌性婉拒其他部門之相關要求（亦不可透露客人行程）。

34.和辦公室及其他部門同事保持和維持良好互動關係。

35.留意備品的存貨和降低損壞及浪費。

36.和客人建立良好互動關係。

37.建立顧客喜好資料並持續追蹤。

38.隨時準備能夠接受24小時私人管家的指派。

39.瞭解並嚴格遵守員工守則及飯店消防、衛生、健康與安全政策。

40.隨時表現正面與積極的態度並執行自我管理。

41.完成值班各班別應完成之事項並呈報當班主管。

42.積極配合館內資源回收政策並且確實回收、重複使用任何可再利用的物品。

43.接受主管指派的工作並負責。

44.隨時擁有彈性且有智慧的專業工作態度。

45.值班中抽查 / 檢視所有客房餐飲點單，以確保擺設及菜色達到最高標準。

當客人要用餐時，為客人將餐具準備好

46.值班中抽查 / 檢視所有貴賓廳同仁作業正確，以確保旅客登記卡或結帳方式等相關服務，達到最高標準。

47.理解並嚴格遵守建立在員工手冊和飯店的消防、衛生、健康和安全的政策、規則及規例。

48.永遠展現出正面、積極的工作態度，並不時地鍛鍊自我的情緒控制。

49.督導各班別的工作檢查表，並將當日發現的問題給予解決方案，並於例會中提出。

50.協助部門完成追蹤及協調之工作事宜。

51.具有撰寫SOP的能力。

52.在部門中擔任訓練／輔導員的角色。

53.每日營業報告審查，追蹤需執行或未執行的事項。

54.處理任何需要決策的事務，並回報給經理知情。

55.主動訓練部門成員如何用積極的態度去應對客人的要求、意見和抱怨。

56.確認每日入住賓客與安排之管家皆有互動，並提供優質的管家服務。

57.檢視客人與部門之間的日常工作跟管理問題。

58.確保所有管家都接受到所有相關領域的訓練。

59.負責所有管家的訓練都能到達標準。

60.計畫跟編製管家訓練課程。

61.確保部門成員正確記錄客人的喜好。

62.確認顧客抱怨跟需求都能有效地被處理。

63.檢視部門營運、關心服務事務，包括客人需求、抱怨和意見。

64.檢視員工打卡、刷卡記錄，以確保正確的薪資。

65.檢視班表，以確保人力編制可以應付工作上的需求，以及讓顧客得到滿意的服務。

66.負責檢視客房餐飲的顧客意見，若遇顧客提出意見，需立即回覆並回報給經理知情。

67.巡視工作範圍，確保設備皆為正常使用中。

68.必要時準時參加主管指派之會議。

69.隨時都能保持著正面、積極的自我要求。

70.確保管家在工作時堅守飯店政策與程序。

71.負責審核貴賓服務部同仁表現，並協助在期限內得到改善。

72.促進員工感到重視、賞識、參與，以及安全的工作環境。

73.協助激勵、紀律約束和適當地輔導部門成員，並確保他們的工作技能按照既定的培訓計畫不斷得到改善和發展。

74.確認部門訓練者所安排的課程為管家所需，並皆為合宜且被正確地安排。

75.基於公司的服務標準跟程序，進行角色扮演的訓練。

76.將被指派的工作事項準時地交付主管，並能有效提出改善或完善的計畫。

77.接受其他指定給副理的工作和責任。

工作職掌（Job Description）

部門：管家部

職稱：管家部經理

向誰負責：經理以上職務

工作目標：確保給予客人正確的服務標準，讓貴賓能留下難忘的住宿回憶。負責提供部門一個友善且高標準的工作環境和要求，以及協助維持和貴賓之間的良好互動，同時在能維護成本的基準下，亦能保持提供給貴賓最好的服務品質。

1.提供優質服務並協助VIP客人。

2.與館內所有相關部門緊密聯繫，滿足客人需求。

3.用正面積極的態度，回應客人的要求、評論及抱怨。

4.確認當天預進的客人，安排合宜之部門同仁打造房內氣氛，並放置適當的備品。

5.隨時抽查工作環境及各備餐區的清潔度，和隨時確認備品是否足夠。

6.以專業的態度及方式陪同部門同仁於飯店門口等候和歡迎貴賓。

7.適時地協助部門同仁提供適合客人的迎賓飲料或其他飲品。

8.當客人需要時，提供整理以及打包行李的服務。

9.介紹房內環境和設施，並且解釋房間特色。

10.提供送、洗衣服務。

11.提供擦鞋服務。

12.協助客人餐廳、SPA、電影、觀光和機場接送等的預約服務。

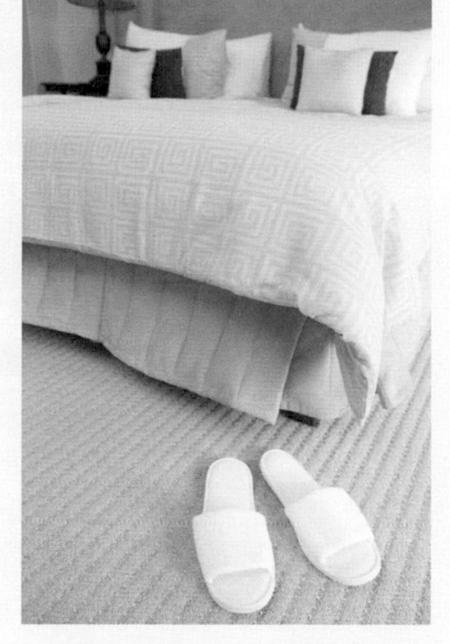

客人入住前要確認所有備品都已齊備

13.適時協助客人購買特別的物品。

14.在客人預計離開房間時提供下行李服務，確認客人是否有個愉快的住宿經驗，並即時詢問是否需要任何其他協助。

15.當客人退房時，需主動協助客人確認房內抽屜、衣櫥、保險箱等處之內，是否還有遺留物。

16.當客人有訂車時，需協助確認禮賓服務部車子是否已經準備好。

17.如果客人有點客房餐飲，從餐點的開始到結束，確實提供合宜的服務流程，力求高標準的專業服務和客製化的個人服務，以達到最高滿意度。

18.時常逐項檢視服務流程。

19.確認食物的遞送和服務要準時。

事先準備好迎賓的酒、水果及點心

20.隨時提供有禮貌和專業客製化的個人服務。

21.需備有櫃檯工作技能及餐飲服務知識的運用。

22.擔任私人管家或貴賓廳櫃檯時，對客人的帳單和付款方式負責。

23.擔任私人管家、客房餐飲辦公室值班人員或貴賓廳櫃檯時，依照付款方式，例如：現金、信用卡、house use、房帳……支付費用。

24.確認帳單金額和實收金額相符。

25.以有禮貌和有效率的態度處理客人的詢問，如果客人的抱怨和問題無法立即解決，需立刻向更高層主管通報並且追蹤結果。

26.帶領部門同仁出席館內相關部門的會議和訓練。

27.熟悉菜單和飲料單內容，並且有能力協助客人菜色和飲料的推薦和搭配。

28.熟悉館內各項服務和設施。

29.熟悉部門相關SOP（工作內容請參照：管家、客房餐飲、行政貴賓廳的各項SOP……）。

30.隨時維持部門同仁高品質的個人儀容和衛生。

31.隨時維持部門同仁服儀標準。
32.時時叮嚀部門同仁保持低調、保護客人隱私的專業態度。
33.工作期間不可與客人合照、要簽名，並禮貌性婉拒其他部門之相關要求（亦不可透露客人行程）。
34.和其他部門主管及同事保持和維持良好互動關係。
35.留意備品的存貨和降低損壞及浪費。
36.和客人建立良好互動關係並持續創造忠誠客戶。
37.不定時檢視部門同仁是否有建立顧客喜好資料並追蹤。
38.個人隨時都準備能夠接受24小時私人管家的指派。
39.瞭解並嚴格遵守員工守則及飯店消防、衛生、健康與安全政策。
40.隨時表現正面與積極的態度並執行自我管理。
41.確認各班別應完成之事項。
42.不定時確認各班別工作內容是否需要調整。
43.積極配合館內資源回收政策並且確實回收、重複使用任何可再利用的物品。
44.接受更高層主管另新指派的工作並負責。
45.必須擁有彈性且有智慧的專業工作態度。
46.不定時抽查／檢視所有客房餐飲點單，以確保擺設及菜色達到最高標準。
47.不定時抽查／檢視所有貴賓廳同仁作業正確，以確保旅客登記卡或結帳方式等相關服務，達到最高標準。
48.理解並嚴格遵守建立在員工手冊和飯店的消防、衛生、健康和安全的政策、規則及規例。
49.永遠展現出正面、積極的工作態度，並不時地鍛鍊自我的情緒控制。
50.督導各班別的工作檢查表，並將當日發現的問題給予解決方案，並於例會中提出。

51.協助部門完成追蹤及協調之工作事宜。

52.必須具有撰寫SOP的能力。

53.在部門中擔任訓練／督導的角色。

54.每日營業報告審查，追蹤需執行或未執行的事項。

55.處理任何需要決策的事務。

56.主動訓練部門成員如何用積極的態度去應對客人的要求、意見和抱怨。

57.確認每日入住賓客與安排之管家皆有互動，並提供優質的管家服務。

一些貼心的安排，會讓客人感到窩心與驚喜

58.檢視客人與部門之間的日常工作跟管理問題。

59.確保所有管家都接受到所有相關領域的訓練，並給予部門訓練員協助及督導。

60.負責所有管家的訓練都能到達標準，並需不定時進行實務操作考核。

61.計畫跟編製管家訓練課程。

62.確保部門成員正確記錄客人的喜好。

63.確認顧客抱怨跟需求都能有效地被處理。

64.檢視部門營運、關心服務事務，包括客人需求、抱怨和意見。

65.檢視員工打卡、刷卡記錄，以確保正確的薪資。

66.檢視班表，以確保人力編制可以應付工作上的需求，以及讓顧客得到滿意的服務。

67.負責檢視客房餐飲的顧客意見，若遇顧客提出意見，需立即進行瞭解並提出改善方案上呈。

68.巡視工作範圍，確保設備皆為正常使用中。

69.必要時授權幹部參加會議。

70.隨時都能保持著正面、積極的自我要求。

71.確保管家在工作時堅守飯店政策與程序，必要時給予獎懲。

72.負責審核部門成員表現，並協助在期限內得到改善。

73.促進員工感到重視、賞識、參與，以及安全的工作環境。

74.協助激勵、紀律約束和適當地輔導部門成員，並確保他們的工作技能按照既定的培訓計畫不斷得到改善和發展。

75.計畫跟編製管家訓練課程。

76.每半年需重新檢視部門內所有SOP，若需修改則交由指派幹部執行。

77.每年需重新檢視工作職掌，親自負責修改部分，並將副本交付人資單位存檔。

78.確認部門訓練者所安排的課程為管家所需，並皆為合宜且被正確地安排。

79.基於公司的服務標準跟程序，不定時進行角色扮演的訓練。

80.將指派給部門成員的工作事項，準時回收並適當地給予反饋。

81.擁有做預算的能力。
82.需隨時提出創新的服務思維及部門方向。
83.不定時與部門同仁交流，以增進團隊默契與一致的方向。
84.不斷地培育有潛力之部門同仁。

個案思考

1.客房部底下會有客務部、房務部及管家部，若那家飯店沒有管家部，是否就表示該飯店無法提供管家服務呢？
2.當有客人進來時，我的主管要我帶客人去房間，並介紹管家可以提供的服務，我是不是要將所有可以提供的都告訴客人？可是客人會有耐心聽完嗎？
3.部門內所有食材、器材、消耗品及備品等，是否都由各部門自行找廠商報價或購買？

Chapter 3

飯店的區別與收費

第一節　飯店設施

第二節　客房等級與價位

第三節　行政樓層的福利

第四節　管家服務收費

第一節　飯店設施

飯店的大小規模、房間數量等不同，所提供各項設施亦不相同。當然以現在的飯店營運走向，為符合各類型客層，有的飯店走精緻小巧路線，只有客房和可提供早餐的自助餐廳及簡易的多功能會議室，省去游泳池、健身房的空間，回饋到房價上；也有的旅店單單只是提供睡覺及洗澡的空間（就像日本的膠囊旅館及俄羅斯的Sleep Box一樣）。創新和滿足旅客的飯店、酒店、旅館等，層出不窮，但唯有客人容納數較多及通過星級評鑑的國際飯店，才有擁有管家服務及一定的設施。

一、24小時客房服務

客房服務是房務部的主要工作之一，而在正常上班時間外的房務部同仁，工作重點是放在清掃房間，而入住、退房的尖峰時段過後，跑case就是平時的客房服務，雖然一般的時間也都有跑case，但整理房間過後就更加明顯。

客房服務不外乎就是送冰塊、送房間沐浴備品等。而客房服務和客房餐飲是最容易被客人混淆的。

當房客有任何需要，按下房間電話上的客房服務或房務部（當然房客大多隨意按下電話上的按鈕），告知飯店工作人員自己的需求，服務人員就會儘快送上服務。而有管家服務的飯店在行政樓層或套房部分，則大多由管家來達成這些房客的需求。

二、無線網路

大多數飯店已提供固定區域無線網路開放，但仍有收費與否的差異性（台灣的飯店大多數已提供固定區域無線網路開放，但仍有收費與否的差異性，所以並非所有的無線網路都為免費提供；而國外飯店則較多無線網路需另外收費，少數會在check in時一併將網路密碼附上）。

部分飯店會設定在連上網路之後需輸入密碼，若有需要，管家則必須備有密碼，以隨時提供給客人。

飯店是否提供無線上網及收費與否，必須向客人說明清楚

三、保險箱

飯店客房內大部分備有個人用保險箱，而在大廳還會有24小時服務的保管箱，提供客人另外的安全存放空間。當然會使用大廳保管箱的客人，還是以宴會的客人使用率較高（存放婚宴禮金的需求）。

飯店客房內個人用保險箱大多為電子保險箱，只需設定4個數字密碼即可開和關。而另一種的則為刷卡式保險箱，開和關必須用同一張磁卡。

抽屜平放上掀式保險箱（4個數字密碼設定）

抽屜立式保險箱（4個數字密碼設定或磁條刷卡設定）

四、送、洗衣服務

較大型的飯店都設有自己的洗衣房，除了在住房期間給予房客送、洗衣優惠折扣外，這樣的一個部門，為飯店本身帶來不錯的營收。

在客房內放有洗衣袋及洗衣單，房客自己會將待送洗的衣物裝好，擱置於房內，而房務部同仁會在清掃客房時，一併將房客的衣物送洗。

而這樣的工作除了房務部同仁外，也是管家的每日工作之一，有更多的時候管家會直接與房客溝通，瞭解其衣服的特別洗滌法。

整燙衣物更是房務部同仁與管家需要學習的工作技能之一。

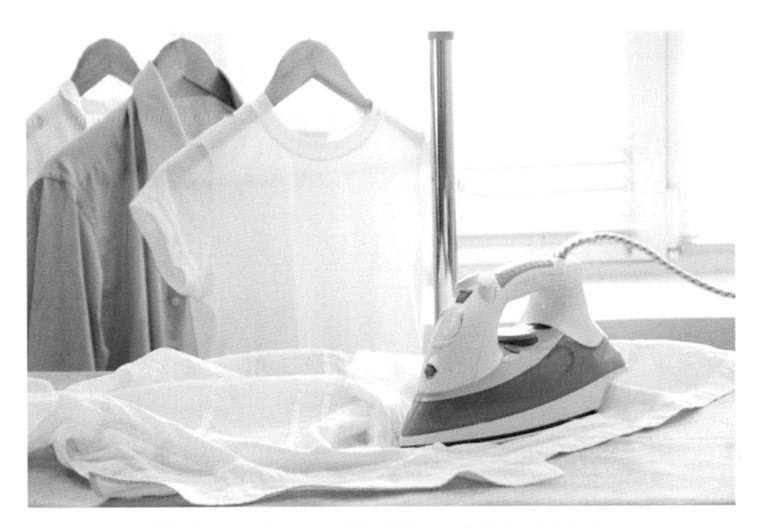

送洗衣服洗淨後要整燙好才能送還給客人

五、Mini Bar

台灣的飯店房間內大多附有Mini Bar的服務，而Mini Bar的內容不外乎由冰箱飲料、小點心和精選小瓶洋酒等。

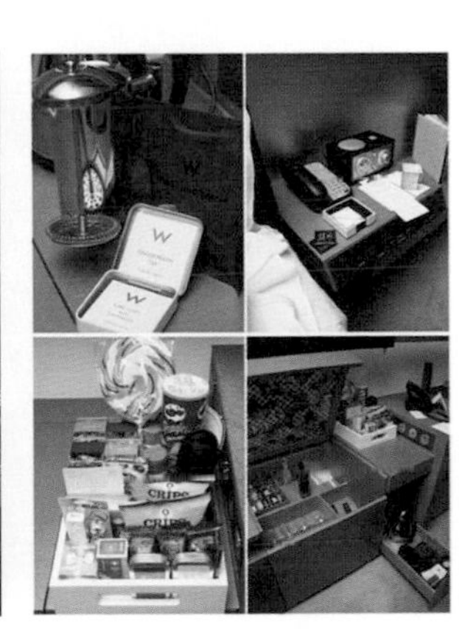

Mini Bar提供的物品因飯店、房型而有所不同

六、吸菸房

台灣室內禁菸條款2009年1月11日開始執行，餐廳、旅館、商場原則上要全面禁菸，而依法得設置「獨立空調及獨立隔間」的吸菸室，但吸菸室要符合「室內吸菸室設置辦法」；另外，菸害防制法沒有規範的場所為：半戶外開放空間之餐飲場所、雪茄館、下午九時以後開始營業且十八歲以上始能進入之酒吧、視聽歌唱場所。

當然不是每一間飯店都設有獨立隔間的吸菸室，因此現在的飯店吸菸客人，不論是住宿或用餐客人，都會在飯店門口旁設立的菸灰缸旁邊吸菸。

依台灣菸害防制法相關規定，進入飯店不論是住客或用餐之客人，都必須遵守禁菸條款，對於在公共場所吸菸的客人，飯店有責任及義務給予勸阻，若客人無視法規，則可處以新台幣2,000至10,000元罰鍰。而業主及服務場所不得提供菸灰缸或與吸菸相關之器皿，否則以業者未依規定設置禁菸標示者，處新台幣10,000~50,000元罰鍰，期限內未改正得連續處罰。

飯店內的大多數區域是禁止吸菸的，要吸菸應到室外、吸菸室或准許吸菸的場所

七、客房餐飲

台灣的飯店大多附有二十四小時能夠提供餐飲的客房餐飲，當然仍有的飯店因規模的考量，而沒有客房餐飲這個部門，或是只提供到凌晨23：00為止的客房餐飲。而客房餐飲的單價和選擇，雖不如餐廳那般多樣化，但在菜色選擇及搭配上仍以多國籍料理菜色為主，且在生財設備上也有所不同（基本上只有義式咖啡機、微波爐和專用的餐飲推車和專用保溫箱等）。

客房餐飲專用餐車大多使用邊桌可摺疊的款式，若於送餐時將邊桌先行展開，則無法進入客房（因房門不可能如此寬敞，故客房餐飲人員會在將餐點送入客房後，詢問客人是否需要打開邊桌，以讓房客有較大的桌面空間用餐——詳細內容請見第九章餐飲部之第五節特別介紹—客房餐飲篇）。

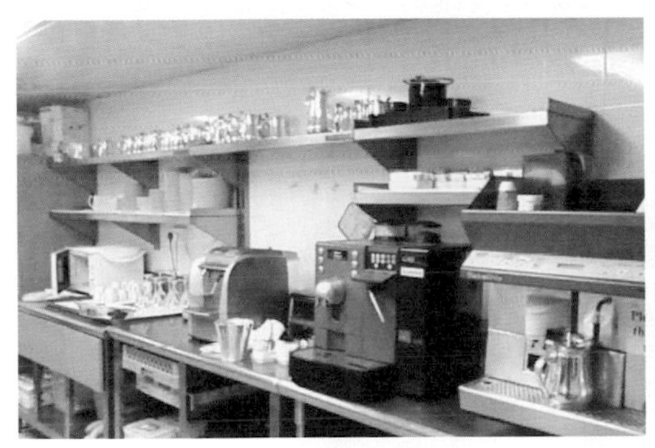

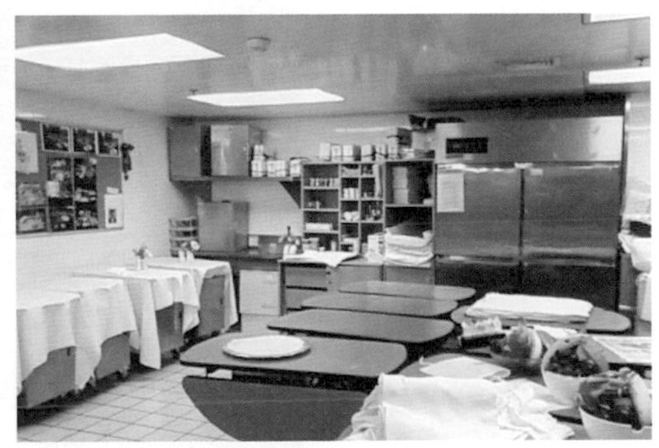

客房餐飲備餐區

八、餐廳

飯店內的餐廳規模大小不一，數量也不定，在台灣的飯店，餐廳菜系少不了「台菜」，而其他菜系的搭配則以中／西各一款為主，但不論各式餐廳多寡或沒有餐廳的配置，唯一少不了的是自助式餐廳，畢竟客房房價內有百分之七十是含早餐的（早餐大多在飯店內的自助餐廳享用，當然也有許多飯店為了分散來客數，會將行政樓層的房客早餐用餐地點改為在

飯店中有不同規模及類型的餐廳

行政貴賓廳享用；而大套房或喜宴房的貴賓則又多了一項選擇，則是可改選用客房餐飲所提供的早餐於房內享用）。

九、會議設施

從大坪數到小坪數的會議場地，是目前飯店不可缺少的重要設施，而與宴會廳不同的是，專門提供給會議客人使用的場地在設備上會比較講究，如可收納的內藏式升降大螢幕的布幕、單／雙槍投影機、幻燈片機器、無線麥克風、環繞式音響、立體聲擴音器、客製化講台、可變式座位安排、活動舞台等。

飯店中有規模大小不同的會議室供客人開會使用

十、顧客關係接待服務

在台灣還未有管家服務之前，櫃檯單位除了有櫃檯值勤、值班經理（Duty）、服務中心、話務人員（總機）外，還會有一個小單位稱為顧客關係接待（Guest Relation Officer，簡稱GRO），或有些飯店稱為禮賓大使（Ambassador）。

這些同仁負責的是check in與check out以外的房客相關事宜，他們通常會站在飯店大廳，接待並問候進來飯店的客人，若是來住宿的客人則指引至櫃檯處辦理手續，若要去餐廳的則一路引導到餐廳。漸漸地這項服務因有管家這個單位的產生後，由管家來執行這項工作了。

十一、行政樓層

現在的飯店都會將樓層分為一般樓層和行政樓層二種，其差別可能是房間備品、景觀不同，或行政樓層較一般樓層有更多的福利及服務等，而最大的差別，還是在行政貴賓廳的提供及有無管家服務的安排。

一般樓層（左）與行政樓層（右）

十二、行政樓層貴賓廳

如前所述，行政貴賓廳是目前飯店用來區分一般樓層與行政樓層不同的最重要項目之一，讓客人願意多支付一些費用而選擇入住到行政樓層，行政貴賓廳能提供的服務及設施就格外的重要了。基本上商務中心所提供的服務，行政樓層貴賓廳都可以提供，如代收發文件、代收發傳

行政樓層貴賓廳

真、代收發郵件、Copy、協助客人裝訂文件、準備會議所需資料，也有可能協助現場客人翻譯或代為印製在台商務名片等。

行政貴賓廳大多提供較大的空間給房客使用，現場備有電腦，提供各式各樣的報章雜誌，有較多的餐飲選項（如全天候的飲料、點心供應，大多的貴賓廳還會在傍晚時段提供所謂的「歡樂時光」（Happy Hour），供應較多的輕食、飲料及含酒精性調酒），會議室、投影機、教室用白板、雷射筆的服務及出租。不同於商務中心的是，商務中心是來飯店的客人，只要有需要都能使用，而行政貴賓廳僅提供給行政樓層房客使用。

十三、酒吧

對於商務型飯店而言，酒吧尤其重要。在商務客忙了一天回到飯店後，常會到酒吧點些輕食、喝些調酒放鬆一下。因此飯店中除了二十四小時的客房餐飲外，就屬酒吧營業時間最晚了，也因此飯店內的飲務部和調酒員是少不了的。

歡樂時光（Happy Hour）

十四、機場接送服務

大多數飯店都會提供機場的接或送服務，依照客人的需求，單次或來回給予服務。

不是每一間飯店都會有此項服務，也有很多的飯店與其他飯店一起分擔機代（即飯店機場代表）的人力費用。

客人在訂房時將接機或送機需求告知飯店訂房組，訂房組會將客人需要鍵入系統，而服務中心依報表顯示出有訂接送機需求的客人，與合作車行聯繫。

機代會依客人的班機抵達時間在出／入境處舉牌等候，接到客人後直接送往飯店（舉牌為機代在明顯處，舉著有飯店標誌且寫有客人名字的牌子，方便客人找尋）。

十五、商務中心

商務中心是市中心飯店必須提供的業務上的設施，怎麼說呢？商務中心配置的飯店同仁皆需有秘書的基本工作技能，代收發文件、代收發傳真、代收發郵件、Copy、協助客人裝訂文件、準備會議所需資料、也有可能協助現場客人翻譯或代為印製在台商務名片等。

商務中心會提供一定的空間給客人使用，可以翻翻報章雜誌、坐著和飯店工作人員聊聊天。提供會議室、投影機、教室用白板、雷射筆的服務及出租。

其他飯店內設施依規模不同也有不同的服務提供，就不在此贅述。

商務中心的一角

飯店內的圖書館

室內游泳池

室外游泳池

飯店知識專欄

以下所介紹的膠囊旅館和Sleep Box，相當適合想要嘗試創意休息空間的背包客或喜歡簡單旅行FIT，但若注重設施、服務、氣氛的旅行者則不適合。

但若是想嘗鮮又對旅遊有極大興趣卻又想省錢者則可以試試，對於只想付少許費用的旅行者來說，舒適的床＋電視＋音響設備已是很棒的選擇。

一、日本的膠囊旅館

膠囊旅館的內部空間，其實就是一張並不寬的單人床空間，四周都是塑膠。

右上方有電視，因為空間並不大。

膠囊的控制中心，有音量控制、燈光控制、鬧鐘等等，也附有遙

日本膠囊旅館的外觀

睡覺時將門簾拉下來，就能阻隔大部分的光線安心入眠

控器和手電筒。為了確定環境安寧，電視必須要用耳機聽，至於鬧鐘也不會響鈴，而是用強光把你照醒。

二、俄羅斯的Sleep Box

這是未來世界的一種概念設計，每一個Sleep Box佇立在機場的某一處，對於注重隱私的人來說可能很難接受或入睡，但專家指出：適時的小睡，確實對人體有如充電般有效。而這個科技小箱子，對於要等待轉機的旅行者來說，應該更是一大福音吧！

和日本的膠囊旅館最大的不同是，Sleep Box不需出機場就可以有稍做休息的獨立空間，而使用者有足夠的位置可以站立與活動。而麻雀雖小五臟俱全，凡舉空調系統、音響、提供網路等，一應俱全。

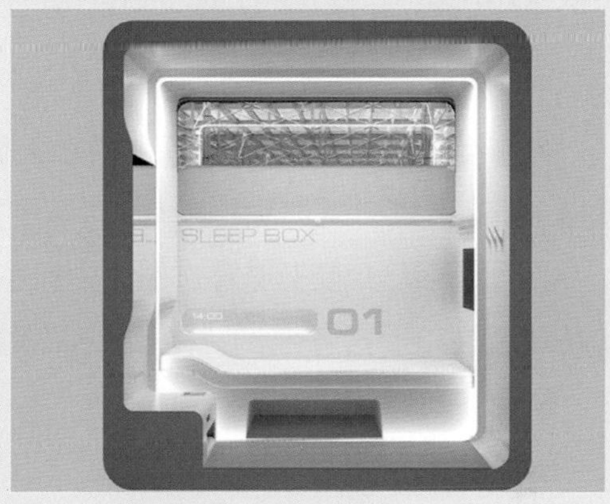

俄羅斯Sleep Box的外觀

俄羅斯Sleep Box的內部

註：以上資料及照片來自官方網站及部落客網路分享。

膠囊旅館http：//www.wahaha.com.tw/?p=1336

Sleep Box http：//blog.roodo.com/aweiopus/archives/12033607.html

http：//arch-group.org/portfolio/diz/1/

http：//blog.udn.com/rocid/3656922

第二節　客房等級與價位

有許多的飯店都有配置專業的私人管家和樓層管家，照料入住一定樓層的所有貴賓。當然除了設有管家部門的飯店外，也有很多飯店雖然在飯店部門組織表上看不見管家部門，但還是會有「隱藏版」管家，在飯店有貴賓入住時，自各部門挑選出較資深且有多年服務經驗的同仁擔任管家，貼身在貴賓身旁服務。

而這樣的臨時編組，有時可能不只一位，更多的時候會由不同性質的單位各派任一位，舉例：餐飲部一位，專門服務客房餐飲；櫃檯一位，專門負責房帳及其他帳目問題；房務一位，專門處理較隱私的事宜（如房間的整理、擺設和清潔）等等。而這樣的隱藏版管家其實是比較適合台灣的飯店業，畢竟仍有許多的客人不清楚管家可以為自己做些什麼，又若管家不懂得主動提供客人服務，其實有管家部門也是虛設。

一般不清楚的同業甚至同飯店的同仁，都會以為只有大明星或總統級的貴賓，才能擁有私人管家的服務，但其實參考一下以下附件，會比較容易瞭解飯店是以房價來區別服務的提供。以下為部分備有管家服務的飯店。

一、台北喜來登大飯店

台北喜來登大飯店是第一間擁有獨立管家部門的國際型飯店，相較於一般人所認知的私人管家（Butler），台北喜來登飯店的「行政管家服務」水準堪稱業界「旗艦級」的代表，因為它是「唯一專職」、「全員專業頂級服務訓練」、「編制規模最大」的專業團隊，它所提供的服務，遠遠超過全球挑剔貴賓們的高度期待。

表3-1　喜來登大飯店房價表

房型	坪數	訂價
總統套房	170	NT188,000
喜來登套房	43	NT78,000
大使套房	33	NT58,000
行政樓卓越套房	20	NT25,000
行政樓主管套房	15	NT21,000
行政樓首席套房	12	NT17,000
行政樓豪華套房	10.5	NT16,000
卓越客房	20	NT22,000
主管客房	15	NT18,000
首席客房	12	NT14,000
豪華客房	10.5	NT13,000
舒適客房	9.5	NT12,000

資料來源：台北喜來登大飯店官方網站。

二、台北晶華酒店

台北晶華酒店的大班樓層是第一家提供二十四小時配有私人管家服務的飯店，這也是大班的最佳賣點。每一位入住大班的房客，都配置有一位受過多職能訓練的私人管家，負責照料住宿期間之所需。

而入住晶華酒店花園套房以上房型，且支付原價八折以上房價，會配置有一位受過多職能訓練的私人管家，二十四小時待命為其服務，且負責照料住宿期間之所需。

表3-2　晶華酒店房價表

房型	坪數
總統套房	64
花園套房	38
名人套房	33
精緻套房	19
雲天露台套房	28
雲天露台精緻套房	19.6
雲天露台客房	17
精緻客房	11
大班樓層房間	
大班府	33
菁英邸	19
名品軒	17
雅逸居	13

資料來源：台北晶華酒店官方網站，但定價未放在官網上，一律由客房業務接洽。

三、台北寒舍艾美酒店

台北寒舍艾美酒店擁有當貴賓一進入飯店，就有專人上前問候，並直接帶往貴賓廳或客房辦理入住手續的管家部門。而不論是在大廳問候協助，或是住宿期間點用客房餐飲，甚至在行政貴賓廳放鬆心情的聊天對象，都是飯店內的管家。

而當貴賓入住行政樓層或套房時，便能擁有樓層管家的細心照料，當大套房有貴賓入住時，飯店亦會安排二十四小時的私人管家隨時待命，而無需另外付費。

表3-3　台北寒舍艾美酒店房價表

房型	坪數	訂價
總統套房	68	NT220,000
艾美套房	48	NT160,000
卓越套房	23	NT60,000
主管套房	18	NT36,000
行政豪華套房	10	NT26,000
豪華客房	10	NT22,000

資料來源：台北寒舍艾美酒店官方網站。

第三節　行政樓層的福利

近幾年，飯店陸續推出一般樓層與行政樓層不同的包裝及服務。其中入住行政樓層，當然包含了擁有管家的服務。

這不外乎是一種行銷手法，但怎麼樣讓客人願意支付更多的費用，除了硬體的設備提供，更貼近人性需求的軟體服務就更是重要了，而要如何讓全體員工都服務一致，卻是讓業主們都傷透了心思，於是讓這一群受過專業訓練的管家來服務就對了。

大部分的行政樓層都會有提供一個專屬的貴賓廳，規模當然依飯店的大小而有所不同，但基本上都會提供較簡易的餐點、會議室、全日飲料供應、當日或當期的報章雜誌、個人用電腦及無線網路等。

而最重要的是，這是很好讓管家們與貴賓互動的場所。因為貴賓廳是一個可以讓客人放鬆的地方，也最容易有較多的時間與客人聊天並瞭解其喜好。

表3-4　一般樓層與行政樓層所提供服務的差異

一般樓層	行政樓層
1.客房。 2.早餐。 3.免費報紙。	1.客房。 2.早餐。 3.免費報紙。 4.貴賓廳的使用。 5.樓層管家服務。 6.洗衣優惠。 7.市區用車。

表3-5　行政樓層客人福利通知函

親愛的***先生／小姐您好：

感謝您選擇入住台北*******酒店！
很榮幸能與您一起享受台北的美好。
在此誠摯地邀請您體驗我們位於酒店***樓的貴賓廳。
貴賓廳所為您提供的服務除了登記入住、退房、旅遊資訊、兌換貨幣、商務中心及一般禮賓服務之外，貴賓廳內也備有無線上網，及精選國內外報章雜誌供您參閱。
貴賓廳全天候提供咖啡、茶及軟性飲料。
歡樂時光（Happy Hour）時間為每日的17：00-20：00，期間提供各類酒精性飲料、軟性飲料，及精緻的主廚特製精選小點。
住宿期間可免費享用貴賓廳會議室一小時（採事先預約制且不可累積）。
會議室租借包含免費礦泉水及會議用品。
若須延長租借時間，每小時為新台幣****元整。
免費擦鞋服務。
樓層管家服務。
享用房內每日無限之免費Mini Bar無酒精性飲料及啤酒。
非房客若需使用貴賓廳，則會加收額外費用：
非歡樂時光時間：每位加收$XXX+10%。
歡樂時光：每位加收$XXX+10%。

此外，我們將非常樂意提供您享有延遲退房的福利。請您在入住期間先與櫃檯或您的管家反映此項需求，我們將依照住房率滿足您的需求。
再次感謝您選擇入住台北******酒店，我們竭誠地歡迎您與我們一同享受貴賓廳的絕美禮遇。若您有任何疑問或需要我們協助的地方，煩請您由房內電話直撥總機或按下您的房內的管家專屬按鈕，我們將立即為您服務。
祝您有段美好的住宿！

全體客房部同仁　敬上

在行政樓層的福利中，每間飯店能提供的項目皆有不同，也會在客人登記入住時提供優惠內容的明細給客人（大多稱為Tower Letter or Benefit Letter），清楚地讓客人知道他／她此次所能得到的福利、優惠為何。這些飯店提供不同的內容，吸引客人由原訂一般樓層改選為較高價位的行政樓層，唯一相同的是貴賓廳和樓層管家或貴賓廳內的接待人員是相當重要的，因為硬體設備可以再換、再改，但服務卻無法複製，於是管家在客人能否再次回飯店入住的經驗中占著很重要的角色。當然也有給錯Tower Letter or Benefit Letter的時候，若真有此失誤，其飯店也只能認賠了，因此常有房客期待著飯店會不小心給錯的意外驚喜。

第四節　管家服務收費

通常在貴賓們下榻國際型飯店的大套房時，私人管家都是被安排好且不需另外付費的。而備有私人管家的大套房，則讓入住的貴賓們更感尊貴、特別。

而大套房的定義，大多為飯店內總統套房或其他幾間較大坪數、套房設備齊全之客房，並被該飯店視為總統套房等級。舉例：台北喜來登大飯店，除了位於十七樓的總統套房外，另有三間坪數大小不亞於總統套房的主題套房，如大使套房、音樂套房等。在這樣的套房有貴賓入住時，即自動安排有私人管家二十四小時服務。

當然不是所有客人都付得起國際型飯店總統套房的價位，於是在市場上擁有越來越多的需求下，腦筋動得快的飯店業主很快地便想出：付費私人管家的服務。

不一定需要入住到總統套房或其他同等級大套房的貴賓們，若需要一位二十四小時隨時在側服務的管家時，可向飯店提出此一需求。

以台北寒舍艾美酒店為例，若客人要求自費私人管家的服務，其費用為單日計算，除了單日報價收費另需再加上飯店服務費（當然並非有管家的飯店都有提供付費管家，而有提供這樣特別需求的飯店又各有不同的收費標準）。

什麼樣的人會入住飯店大套房呢？總統套房顧名思義為國家元首至各地巡視或出國訪問時下榻；當然一些在國際上有名氣的大老闆們或許也會指定入住飯店內最大、最氣派的總統套房。而在住宿預算考量下，往下二、三個等級的大套房也是富豪及名人的最愛。

如同許多飯店願意免費提供總統套房給大明星入住一般，在必要的時候，飯店業主或管理階層的人也會免費提供二十四小時的私人管家隨時在側照顧貴賓，以達到有效的形象加持或媒體曝光，如Lady Gaga、導演李安、Facebook創辦人Mark Zuckerberg（馬克佐伯克）來台等。

個案思考

1. 若客人表示瞭解台灣法規於室內吸菸需罰款，也同意支付其罰款給飯店，而請管家提供菸灰缸，此時身為這位貴賓的私人管家，該怎麼做？
2. 客房餐飲為什麼有保溫箱的設備，而其他餐廳卻看不見這類型的器材？而這樣的特殊器材用意為何？
3. 客人沒有入住飯店內的大套房，但卻要求願意付費請飯店安排一位私人管家給客人，你覺得是因為？
4. 因為預進一般房的客人提早到了，又因不想等而在大廳櫃檯大吵大鬧，Duty因為不想讓此名客人打擾到其他賓客，於是將他的一般房升等到套房，但服務人員又不小心給了套房的Benefit Letter。當這名客人開始要求享用Benefit Letter的福利時，管家發現該名客人只有房間升等並無其他福利，但已知這名客人check in時的抱怨，此時管家應該怎麼處理？為什麼？

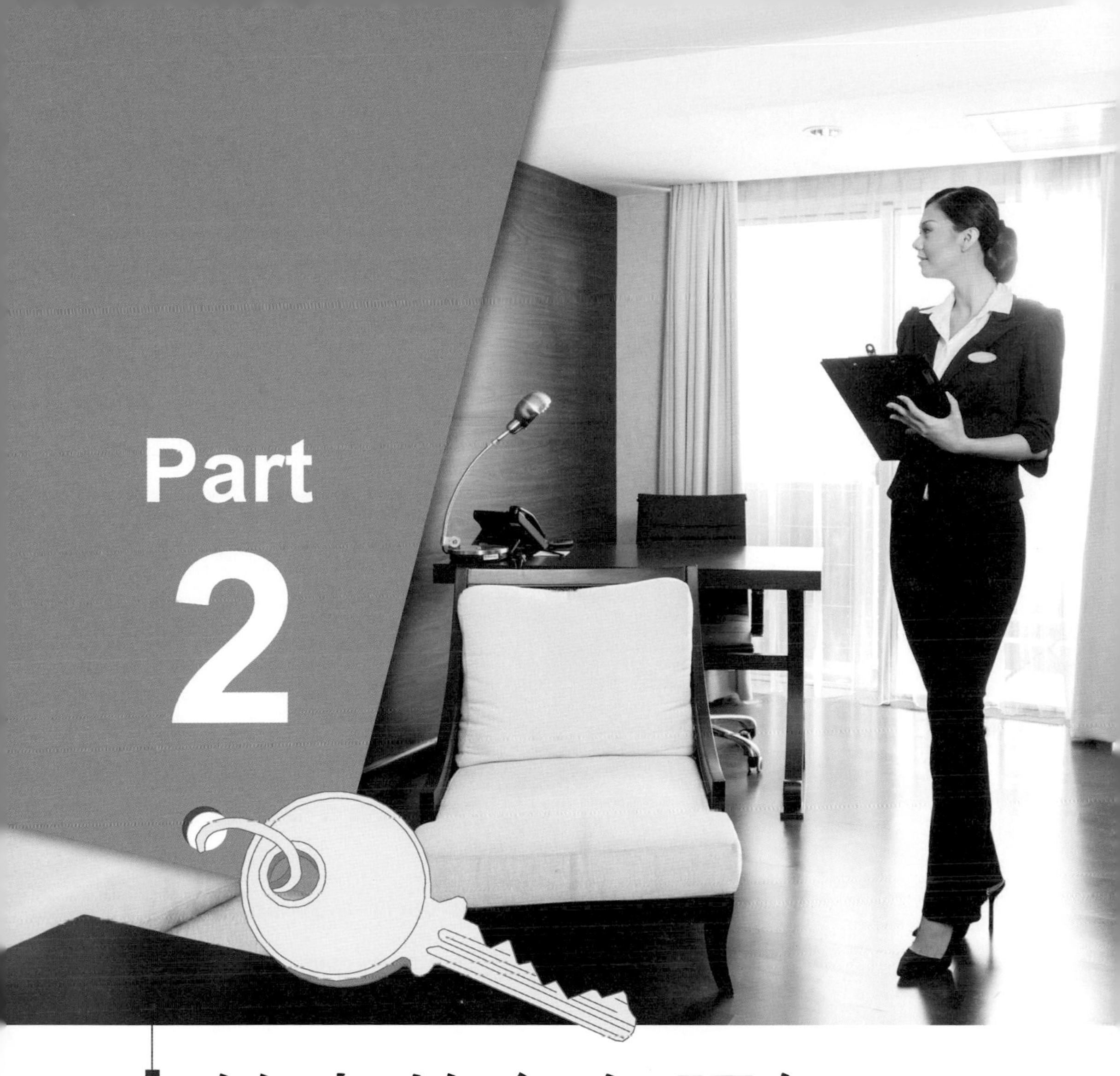

管家的角色認知與培養

Chapter 4 角色認知

第一節　觀念

當一名管家，觀念很重要，但這麼說又太籠統。簡單來說，管家自己本身的角色扮演需要很清楚，不可有歹念、貪念和私心。

現在在飯店工作的服務人員，特別是能夠進出客房或接觸帳務的工作人員，在應徵進入服務之前，大部分都會被要求提供警察刑事紀錄證明（俗稱良民證），除了有這樣的證明之外，其他的部分也只有靠管家自己本身的正確觀念了。

管家的工作和房務部及其他相關需要進入客房的部門一樣，不論是預進、準備退房或是續住的客人，在工作時有經常性及必要性會進出客人房，因此自身清白及正確觀念才會如此重要。

怎麼說呢？當有貴賓預進時，除了房務人員打掃房間，房務領班做最後的確認，還有管家在貴賓入住前的檢查及擺放貴賓需求或喜好的物品。很多的新進管家若沒有正確的觀念，也許在房務領班確認房間後，就不再做檢查了，又或是根本不在乎貴賓有沒有特別的喜好。

續住時，因為工作上的需要，管家也常常在房務人員打掃房間時，一同進入房間，瞭解貴賓有無特別喜好或其他需要提供服務之處，而此時，只能依敏銳度、對事件的連接性及專業，來瞭解並記錄該貴賓的相關事項。

退房則更是人性的考驗了。在每日有多數人次進出的飯店來說，常有糊塗的客人遺留物品，不論是單純放置在房內桌上、床邊或其他地方，甚至是房間內保險箱中的物品，都會忘了帶走，而若是貪念一起，這些服務人員，特別是管家，不就很容易被這樣的歹念牽制而與服務專業背道而馳？

以上提及的只有單單進出客房的部分，當然還有服務上的觀念、與貴賓及其他同事的互動，在很多時候管家的觀念牽扯範圍甚廣。

在這裏無法完全陳述管家應有的觀念，但有一條規定應該是所有管家都一樣的，就是飯店管家不得向貴賓要求簽名及合照，違者得以開除論。當然，也有例外的時候，比如：上級主管要求幫飯店提出請求或貴賓自己開口（別以為不可能，有些明星藝人或企業名人都知道，於是也會有自己開口說要管家一起拍照的時候呢！）。

管家不可主動要求與客人合照，除非客人自己開口

飯店知識專欄

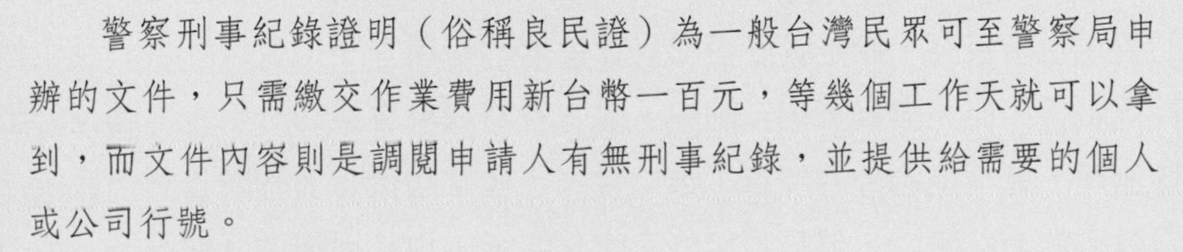

警察刑事紀錄證明（俗稱良民證）為一般台灣民眾可至警察局申辦的文件，只需繳交作業費用新台幣一百元，等幾個工作天就可以拿到，而文件內容則是調閱申請人有無刑事紀錄，並提供給需要的個人或公司行號。

若干年前，飯店是只有針對可以進出客房的部門新進職員要求，需要在就職前繳交所謂的良民證，也就是以客房部的單位較多，如客務部、行李員、房務部、管家等。但自2012年起，幾乎所有的飯店工作人員，不論公共清潔人員、業務或廚師都需要繳交良民證才可進入飯店工作，嚴格一點的飯店還可能會要求舊有員工（在職）補繳。

當然有許多的民眾對於這樣類似「身家、個人過往紀錄」調查的動作有所抵抗，曾經就發生過因為這樣的要求，而向飯店人事部門抗議並提出離職。當然飯店有飯店的立場，補足所需個人資料也是必須的，只是現在又多了個「個資法」出現，不知會不會讓這兩者有所相牴觸呢？

第二節　態度

在飯店工作的工作人員的態度本來就很重要，不論是餐廳還是客房。為什麼客人願意付較高的費用，可能外面一盤炒飯才一百元不到，在飯店卻要價三、四百元；為什麼飯店一個房間隨便都要五、六千元以上，還是常常一間難求？因為飯店人員要求的就是不同於一般的服務「態度」，何況是管家。

當一名管家，態度尤其重要。前幾章有提過，會有管家服務的至少都是入住行政樓層的貴賓，其房價也比一般樓層多一些，換句話說，客人的要求也會較高，於是管家接受貴賓要求的事項，不但會較棘手，且也較具挑戰性。而在與貴賓的互動中，態度就是表現專業的一環。不論是怎麼樣無理，甚至是過分的要求，雖然管家不像某句很有名的廣告詞一樣，一定會「使命必達」，但是若無法完成其要求，也必須提供其他選擇，或有禮貌地告知無法完成的原因，並請求貴賓的諒解，而這些應對是需要擁有專業的態度及很好的情緒控制的。

因為管家比其他部門更常服務明星藝人、企業家、名人等，甚至在擔任私人管家時二十四小時貼身服務，因此被其他部門「關愛」的機會太多了，時不時問管家：貴賓還好嗎？房間都有些什麼樣的人進出？今天有什麼行程？

於是，管家的口風必須很緊，有時甚至連貴賓自己帶來的工作人員、飯店的主管等，管家都不能有問必答。因此管家部的最高主管個人的操守及專業度就更加重要了，因為所有在貴賓身邊服務的管家都聽命於他（她）。

以多年來的經驗，舉一個作者很喜歡與人分享又易懂的專業態度，這裏來分五個部分大概說明一下：

一、眼

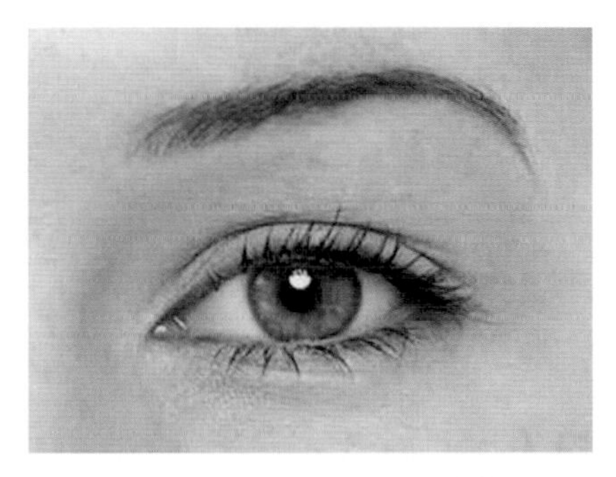

眼睛要能不只對單一事情注視，即使管家只幫一位貴賓服務，同一時間及場地的其他貴賓及需求也應能注意得到。

舉例來說，如客人在房內用餐，不一會兒客人表示桌面需要整理，管家除了收拾之外，應同時留意到是否有餐點需要換盤（在餐廳用餐時有上菜桌面位置不夠放的情況，此時服務人員會主動將部分菜餚改放到較小的盤子內做盛放，此一動作稱之為換盤）？飲料是否要再添加？

進到一間房間整理，看到的不能只是「桌面上及床舖上的東西」，而是連周遭的環境都要能夠很快地檢視一遍，以便在客人尚未走遠前，將可能有的遺留物歸還到客人手上，而這樣的動作也能很快地贏得對方的心。當然，為什麼強調桌面上的東西，因為有太多的同仁進到要整理的空間時，往往只注意到「要整理的地方」，但要整理的地方應該不只是桌面上，還有椅子上、桌底下，甚至有很多的地方的沙發抱枕都是拉鍊朝上（會割傷客人），桌底下有上一個客人的餐點殘骸等。因此，身為精緻服務為上的管家，更是需要留意這些小細節的，不是有句話說「魔鬼藏在細節裏」啊！

二、耳

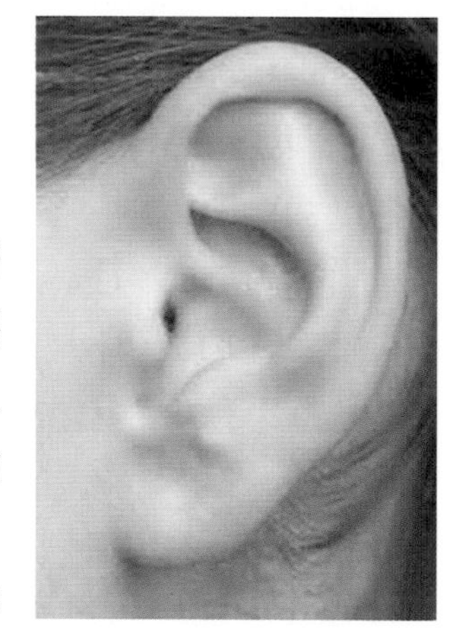

即使管家不是站在離貴賓最近的位置，也應能聽到所負責的貴賓的行程，或是其他需求，有時貴賓不直接交待的事項才是最重要的。管家必須自己辨別什麼事是必須提醒客人的服務，什麼事是就算聽到，也要當作不知道的。

最忌諱在服務的過程中聽到了什麼，就停下動作，尤其是服務政商名人，也許對方並不會在要談事情時，請管家先離開，可一旦有了讓人防備的感覺時，就很難再持續服務且自由進出。

三、鼻

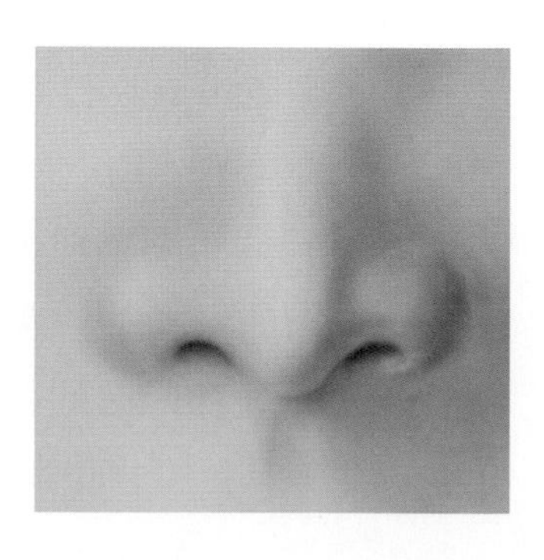

在這裏說的不是指真的聞到些什麼氣味，而是管家嗅到了什麼訊息，進而準備或留意的。

管家的敏銳度真的要比一般人來得高一些，當在服務之時，嗅到了什麼不對要趕快回報或通知，保護客人和飯店是相當重要的。

實例分享

服務業不外乎都要與客人保持著熱絡的互動，有許多飯店服務也都不再要求服務時一定要保持抬頭挺胸、雙手在前微握，而是可以適時地配合客人坐著的高度彎腰或蹲著提供詢問時的解答或服務。

而對於常客，服務人員往往會過於熱情而失去其專業度的表現，這其中的拿捏著實難以用文字形容。

有一次W先生在台灣負責一個案子，於是要在飯店長住半年，因為這樣，貴賓廳的服務人員沒有一個不認識W先生的，而他也相當喜歡飯店人員給他的親切感，所以他若去到那裏出差或遊玩都會帶名產給貴賓廳的同仁。那天貴賓廳的同仁才在一起詢問，W先生怎麼那麼久沒出現了？是不是結束工作，還是怎麼了？就在七嘴八舌時，W先生精神奕奕地穿著筆挺的西裝出現了，而那一群平時和他很熟識的服務人員上前去詢問，是不是翹班去哪玩啦？還以為你變心了不要我們了呢？這些讓人聽得出來是很熟悉的人才會說出的話和語調，當下只見W先生的臉一陣尷尬，而W先生的身後陸陸續續走出來一個個也是西裝筆挺的商務客。

服務人員沒有立即嗅出不對的氛圍，見到W先生的表情尷尬敏銳度又不夠，當下把原本極好的服務降到最低，不僅讓喜歡這間飯店的W先生可能會立即退房，還可能會讓那些與會的商務客對這間飯店的專業度存疑。

個案思考

1.對常客何時該提供專業和熱絡的親切？

2.如以上，如果已經沒有注意到而和客人太熱絡了，當下要怎麼轉換情況？

四、口

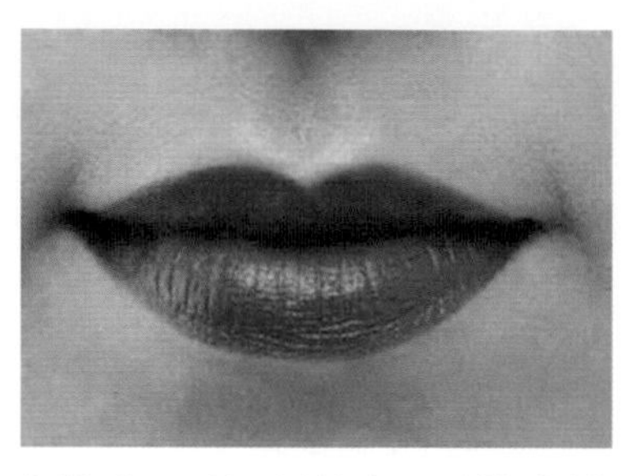

管家的口風要緊，這除了是專業的表現，更是身為一名優秀管家的職業道德。

特別是管家服務的貴賓都是相當有地位，於是不論飯店內或外都會對於貴賓喜歡吃什麼、喝不喝酒、用什麼牌子的貼身用品、進出的訪客是誰、都聊些什麼等，十分好奇，因此如何點到為止地回答別人的詢問，就是在考驗管家的智慧了。

五、心

永遠清楚知道自己當下接待的貴賓需要什麼樣的管家，瞭解自己所要扮演好的角色。把每一次入住的貴賓都當成自己是該貴賓的私人管家，進而磨練當管家的細心及敏銳度。保持對這份工作的熱忱，唯有這樣才會視貴賓的要求為挑戰，也才會一直對於管家這個工作保持新鮮感。

飯店知識專欄

英國的專業管家老師Mr. Anthony Seddon-Holland曾以天鵝來形容管家，他說：管家的外在形態就像天鵝般優雅，不論在湖面底下的雙腳往前划得多麼的急、多麼的快。

將其概念套用在任何一個部門都可以體會到這句話提醒得真好。

就像一名專業的服務人員，不論現場多麼的忙碌都能夠從容地與客人應對，而不會因為忙碌就面露不耐煩或口氣不佳的表現。如餐廳跑菜的工作人員，即使再忙碌送菜，扛著大托盤出來時依舊專業且安全的樣子；而現場的工作人員也能在端著托盤快速地往客桌方向走，要靠近時亦能優雅地減速並輕聲地將餐點放置客人面前，而這就是在一般用餐環境與國際五星級飯店的不同，也難怪客人總願意花較高的金額去飯店消費了。

實例分享

一位對於自身工作擁有許多熱忱的飯店人，不論是在餐飲、客房或其他部門，都很容易是屬於「人來瘋」這款的人。其實大部分的人都很清楚在一個地方，若現場很忙碌，消費者大多得不到好的服務，因此若能扭轉這樣的想法，其實要得到客人的心真的不難。

記得有一次在支援貴賓廳時，由於全館客滿的原因，前來用早餐的房客也相對的較多。通常用早餐的客人們會因時間緊湊，比較容易耐不住性子。然而在忙碌的時候往往越需要展現出專業，而在客滿的情況下，我十分地熱衷能夠喊出所有進來客人的名字並堅持都要與客人有些許的互動，當然在這樣連用早餐都要等位子的早晨，被熟客唸上個幾句是家常便飯。

當天就是這樣的情況，所有的房客好似約好了般同時進來貴賓廳，剛開始時客人們還有些許耐心。但慢慢地，客人一個影響一個，開始了一連串的抱怨，因為要等候位置的清理、要等待師傅補菜，有客人開始怒罵，現場除了道歉還要忙著招呼剛進來的客人，就在現場客人用餐漸漸緩慢之後的空檔，我看到了其中一位剛剛有抱怨而現在用完餐準備離去的房客，於是便向前一邊送客、一邊對該客人說：

Hope you enjoy your breakfast and wish you have a wonderful day（希望這裏的早餐您還滿意，也祝福您今天一切都很順利）。沒想到該客人停下了匆忙的腳步轉身走向我，當下心想剛剛的道歉及處理是否不足？我該做何準備面對這位即將過來的客人？誰知，該客人突然拍拍我的肩並對我說：Thank you for your service and I am very enjoy my breakfast, by the way I am sorry about the attitude just now（謝謝你的服務，我十分享受我的早餐，而我很抱歉剛剛的態度不好）。

在服務面上，很多主管在知道已經讓客人不開心或有服務上疏失的時候，都會被動式地等待客人抱怨，有時，對已查覺到有些許不開心的客人時，主動給予關心或追蹤，可以免除後續可能延伸的問題及抱怨。

我想因為這句話和客人這樣的舉動，當天的疲累和忙碌都值得了。

第三節　個性

個性的問題是現在任何一個人去面試時都會被詢問到的一個制式化問題。

面試主管：可以形容一下你是個什麼樣個性的人嗎？

被面試者：我是個樂觀進取、喜歡接受挑戰又可以和大家都很好的人。

也曾有許多學校老師、其他單位或其他同業會問：要當一名管家需要擁有什麼樣的個性？

其實什麼樣個性的人都適合當管家，除了過於迷糊的人。總不好讓貴賓反過來提醒今天應該做什麼，或出門要準備什麼吧！

為什麼說任何一種個性的人都適合呢？因為管家要服務的貴賓也是有不同個性、不一樣的喜好和來自不同地方的人，若管家部門內每一位管家個性都大同小異，其實會較被侷限住，而無法安排真正合宜的管家搭配貴賓。

唯有一些特質是可能每一位管家都需要備有的。

一、好奇心

貴賓的家世、背景、來歷都需要有一定的好奇心，但切記不可八卦。

對於貴賓吃的、喝的、用的，也都必須發揮檢查、判斷和記錄的功能。怎麼說呢？

當管家知道今天接待的貴賓為誰時，若能事先查詢其資料，便能在迎賓的同時與貴賓對上一些合宜的話題，而不是老聊一些：旅遊還好嗎？第一次來台灣嗎？而留意貴賓入住期間的習性，若能確認為其喜好並記錄下來，不論是隔天或下一次入住，管家的細心準備，不也能給貴賓額外的驚喜和難忘的記憶？

相信每一個人都有好奇心，但要用對地方才是管家應該留意的部分。

二、敏感度

對於貴賓的一舉一動，管家的敏感度需要發揮得淋漓盡致。不是每一位貴賓都會告訴管家需要的是什麼，當然要讓貴賓開口告訴管家也不能算不對，但如此一來這位管家和其他服務人員就沒有什麼不同了。在貴賓舉手或開口前，便能先行準備，是身為一名優秀管家應該要具備的特質。就像知道貴賓是第一次來台灣觀光，是不是能在貴賓入住前，先準備一些當時的地方活動或交通資訊，放置在客房的書桌上，不論貴賓使用與否，是否就能第一時間讓貴賓感受到你事前的準備及用心？而當貴賓不如原先計畫有較多私人觀光時間之時，身為管家的你，能否依貴賓當下的表情轉換，而將可能需要一天時間遊玩的九份行程，更改為也許走訪中正紀念堂或國父紀念館？讓貴賓不但不會因時間的縮短，變成那裏也去不了的遺憾，立即轉變成可以顧及到工作又能參訪景點的雙贏喜悅。當然，除了管家本身有一定的敏感度外，也要加上對工作的用心和經驗的累積。

管家若知道客人為虔誠的基督教徒或天主教徒，可事先為客人在房間裏準備一本聖經（當然若客人為其他宗教信仰，也需特別留意）

三、專業性

管家的工作範圍非常廣泛，所以飯店內的大小資訊都需要清楚明瞭，因為貴賓可能上一秒問房價，下一秒問餐廳菜色，而其他資訊：如當下最火紅的運動賽事、那裏有新開幕的店、陽明山現在展示什麼花種等等，就算管家不是那麼地清楚，也必須略知一二才行。身為管家可是很忌諱完全聽不懂對方說的是什麼，或一副瞠目結舌的不專業表情，而這項特質只能自己靠自己修行了。

管家必須細心、貼心並有耐心，表現出自己的專業性

四、抗壓性

由於是直接面對客戶的工作，站在第一線的服務人員抗壓性都需要十分的好，尤其是選擇了管家這份工作。貴賓可能五秒前要求管家燙西裝，二十秒之後的每五秒都打來問好了沒；可能要求管家去安排一間怎麼

樣都訂不到的餐廳，當管家動用了各種關係、拜託了所有人脈，預定的時間到了，卻怎麼都見不到該貴賓，在提醒貴賓之後還被反問了一句：我有說我要去嗎？當然，不是每一位貴賓都那麼樣的養尊處優，但也確實不是每一位貴賓都那麼樣的體貼服務人員。選擇了服務業就應該清楚理解這是份什麼樣的工作，當然現在飯店服務人員跟數十年前的服務觀念已經有了很大的改變，不再是那一套「客人永遠是對的」，於是服務人員也不必做得那麼沒尊嚴，只是在整體制度之下，還是要瞭解我們面對的是「客人」，在合理的情況之下，一定的抗壓性是必要的。

實例分享

A管家在來到S飯店後，工作還不到三個月，就不停地向總管家自我推薦，說已經準備好要上陣了，而這次這個大團有將近十位貴賓，於是總管家也就讓A管家負責其中一名女性貴賓。當貴賓團入住後便有接二連三的任務要處理，剛開始看似一切順利，到了第二天A管家便開始有所埋怨地說，她負責的那位貴賓常常交待事情不一次說完，害她多跑了好多路。第三天A管家要求總管家更換其他管家照顧她負責的貴賓，因為她真的覺得該貴賓態度不好，又不一次說完要求。總管家與A管家談話，再次讓A管家瞭解自己的職責所在，且明白這就是管家必須面臨的挑戰。以為A管家能夠被激發自己的潛力，將服務做到更上一層，卻在隔日，這名管家在辦公室內嚎啕大哭，再也受不了客人給的壓力了。

這就是一般以為管家總是穿著光鮮亮麗的工作反差，因此管家在熟成後的第一次接任務是決定能否永續的一個關卡。

永遠也不會知道接的是什麼樣的客人，網路上找的資訊、耳聞的個性都只是參考，因此不論是體力或壓力的抗壓性是比什麼都重要的。

五、成就感

對於管家的工作內容需要有一定的喜愛、熱忱及認同，才會因為服務的貴賓的一句謝謝和笑容，而擁有自心底產生的成就感。其實不論選擇在那一種行業工作，找到能讓自己有成就感的事項真的很重要，因為只有這樣無價的感謝和笑容，可以讓管家的付出值得且保持熱忱。

相信選擇管家這份工作的飯店人，都是對自己的服務品質有所認同，並想要提升自我價值感飯店人。

於是，一位成功的管家，服務越多的貴賓、見過越多的場面，就等於得到更多同仁的協助和幫忙，因此，管家的謙虛與禮貌就更是重要的態度。

管家絕對可以很有個性，也可能因為其個人風格能讓貴賓每次回飯店都一定要找該名管家，雖然很小朋友教學的說法，常說「請」、「謝謝」、「對不起」，絕對會讓管家有更好的人際關係，而有好的關係鏈，當然會讓每一次接的貴賓行程更順暢、更完美。

實例分享

某大精品公司為了招待年度前三名消費最高的貴賓，特別買下了三間五星級大飯店的總統套房，以讓這些貴賓得到該品牌的最高禮遇接待，而負責總統套房的私人管家，當然也被再三交待要好好地接待貴賓。

但在貴賓風風光光抵達飯店不久後，飯店的管家經理及總經理就被該品牌負責接待的人員邀請談話了。

原來，負責接待的私人管家與貴賓的對話讓對方感覺受到了汙辱。瞭解整個情況後，當下立即向貴賓道歉並提供了該貴賓多一晚的住宿招待，同時也進行了私人管家的更換。

而其中的錯誤就是，管家太過於好奇又不夠專業，而對貴賓説出：我也常買這個品牌，但怎麼我都沒被招待？妳是花了多少才可以有免費的總統套房可住啊？讓客人感覺自己是為了住免費的才花錢去購買該品牌而不悦，其中私人管家的敏感度又不夠，客人臉都垮下來了，還持續地淘淘不絕地説個沒完。

雖然與客人熟識般的招呼或互動，都會讓對方有親切的感覺，但合宜的時間和地點卻相當的重要，而管家這樣的敏感度顯得基本且重要。

個案思考

1.主管要求管家去瞭解一下，這次突然入住並帶著大筆現金客人的來歷，管家想等客人外出時，去房間看看，檢查一下除了那裝現金的行李袋外的其他行李箱內有什麼。

2.這次被指派到負責入住總統套房的管家，正好是那位明星的頭號粉絲，該名管家在服務的過程中，十分專業並未流露出不合宜的舉動或態度，但在貴賓退房後，主管發現他在貴賓的房內收集該明星使用過的物品。

Chapter 5

培養

第一節　相關工作背景

對於完全沒有管家經驗的夥伴要怎麼進入管家部門呢？其實最好的當然是本身就有過相關工作背景，如貴賓服務接待、櫃檯服務、房務人員等。但對於管家一職，最重要的真的不是這些專業技巧，而是對服務的熱忱。

因為技巧可以學習，進而熟能生巧，但真心和熱忱無法學習，更無法假裝。

擔任管家一職，除了要學習更多不同領域的專業技能外，因為要更細心地瞭解貴賓沒說出口的需求，因此若少了熱忱又哪會有動力呢？

但進入管家部門之前擁有相關工作背景的優點是，可以縮短跨部門培訓的時間，且對於部分標準服務流程較能進入情況。

所謂的相關工作背景大都著重在客房部門，如上述的櫃檯服務、房務人員等。但是不是沒有相關背景的夥伴就無法加入管家部門？其實也不然，因為管家部門本來就需要有多方的經驗和分享的多元化融合。

有餐廳人員經驗：有基本餐飲禮儀，會建議貴賓如何搭配宴會菜色，對於在套房內的餐飲服務，可能會有很出色的表現。

有商品門市經驗：對於某些上門的客人會有立即抓出重點介紹的敏感度，當下的臨場反應大都會很好，而這樣工作背景的夥伴，通常都很會找話題與客人聊天。

有旅遊業經驗：因為對於介紹名勝古蹟很內行，且對交通路線又熟悉，如果服務來台觀光的貴賓們，豈不是最好的管家選擇？

有調酒員經驗：許多的藝人都對於隱私有極大的需求，喜歡在飯店開派對的更不在少數，若能有專業的調酒技能，那麼貴賓也無需外出了。

因此，若一個管家部門的同仁，各式各樣的技能都有且持續培訓，不論對飯店或對貴賓來說都擁有了很大的優勢。所以什麼樣的工作背景就不是那麼重要了，重要的是不中斷地持續訓練和創新思維。而樂於這樣的學習和分享，是不是就是需要最大的動力支撐？而其動力則就真的需要極大的熱忱。

第二節　人格特質

管家的人格特質不外乎需要抗壓性強、臨場反應好、敏感度高、好奇心旺盛，有自我控制能力，最好個性還帶有那麼一點點神經質。

而所謂的專業服務，情緒控制真的就是管家的最大考驗了。

一、抗壓性

管家的工作，常常不會是來自一個指令、一個動作。即使是私人管家值勤也一樣，看似只針對單一貴賓，但來自各單位如雪片般飛來的問題、主管的關切、貴賓的需求變更等等，都需要具備超乎一般人的抗壓性，不然管家在值勤的時候，很有可能會因為受不了壓力而留下貴賓跑走；又或因為太氣而把貴賓教訓一番的脾氣爆發。

二、臨場反應

雖說要讓客人有被記得的獨特感，但眼睛要亮，要有機敏的臨場反應，這可不是每個人都會有的。當某一位客人常常回來飯店入住，記得客人的喜好，先行幫忙準備房間備品或喜歡的餐廳位置，是再平常不過的服務了，但客人身邊帶的「友人」可要看清楚了，別讓優質的服務當下變成了客人抱怨的那個問題點。

三、敏感度

管家要認清自己在那裏且扮演著什麼樣的角色，怎麼說呢？如果當你在貴賓廳服務一名常客，說話可以輕鬆自在，因為也相當的熟識；但當那名客人這次回來飯店入住，並與其客戶出現在準備會議的場所時，該提供的應對與服務必須是不同的。

四、好奇心

永遠保持旺盛的好奇心，因為有些名人行事低調，不容易在一般網路上搜尋得到其背景或喜好，只能憑藉著管家服務期間的觀察。

當然很多的危機也必須靠著好奇心來解除的。

五、自我控制能力

因為能進出客房的服務人員在飯店內其實並不多，故管家的自我控制能力必須很好。客房是貴賓的私人空間，難免會有許多令人喜愛或有價值性的物品，謹守工作應有的觀念與態度，不碰、不問，不多看。

而管家更有一個很基本的工作態度要留意的，管家不可向服務的貴賓要求簽名和拍照，這個規則是相當重要的，畢竟管家是很貼身服務的飯店人員，故不得讓貴賓有任何被打擾或不自在的感覺，因此不論被指派的貴賓自己有多喜愛，都不能喜形於色，而這就是管家的專業。

第三節　跨部門交叉訓練

不同於其他單位，只要學習自己部門的工作流程，管家部門則不是。管家常常對新人說的一句話是「你（妳）回來了啊！」因為管家自報到的那一天起，便需要接受一連串不同部門的訓練，而自己的部門常常是最後一個報到的單位。

因為管家的角色是貴賓與飯店（又或可說成當地的文化）之間的唯一窗口，因此必須在貴賓問什麼問題時都能回答，至少自己飯店內的設施、活動、各單位的營業時間都要一清二楚；而飯店外的環境、有名的景點或好吃的餐廳等，管家也必須略知一二。而種種一切準備和學習，最終也就是為了擔任一名稱職的私人管家罷了。

跨部門訓練（Cross Training）是在管家學習成長中很重要的一個過程，不只讓自己有更多職能，更是到各部門瞭解對方的工作細節和難處，這樣不僅能在任何一個部門忙碌時給予協助，更能在日後的互動中給彼此多一些體諒。

下一章**表6-2**所列出的是很基本的部門學習及期間，而每一位管家會因自己以往的工作經驗，而在安排跨部門時間表上有所不同，因此每位管家的「熟成」時間都不同。

怎麼說依以往的工作經驗來區別跨部門訓練呢？也就是指，當該管家是餐飲部背景的，那麼在餐飲部訓練時的期間就可以安排較短一些，而將重點訓練放在可能客房多一些；而原是服務中心的同仁，可能要學的時間就會比其他同仁來得長一些，因餐飲和櫃檯作業都不熟悉的關係，也會比較辛苦。所以要成為應徵管家時，多數飯店會希望是已經有相關工作經驗的人來做，不然很容易訓練到一個階段，人就轉去別的單位或就離職了。

總管家或管家經理會用表格（詳見**表6-3**）來進行每一位管家的跨部門訓練部門，當然不只使用在新進管家，另外也有助於當遇到飯店淡季時的「重複訓練」，也就是將管家再次安排回去學習較不熟悉的工作技能或再加強。

而管家在跨部門訓練中，比重最重要的不外乎為「客房餐飲」了，畢竟多數的貴賓不喜歡拋頭露面及人多的地方，於是多會選擇在房內用餐。

而在房內用餐對管家是更加艱辛的工作，除了菜單的內容、餐點的溫度、每道菜的上菜速度、環境的考量、空間感、餐具擺設、來賓的入場動線等，更重要的是，專業管家需要讓貴賓在房內用餐也要有在高級餐廳用餐的質感，甚至還要更為隱密，而其服務需更頂級才是。

在套房內送餐不外乎以二種方式運送餐點，下圖左邊為客房餐飲的托盤服務，右圖為客房餐飲專用餐車。

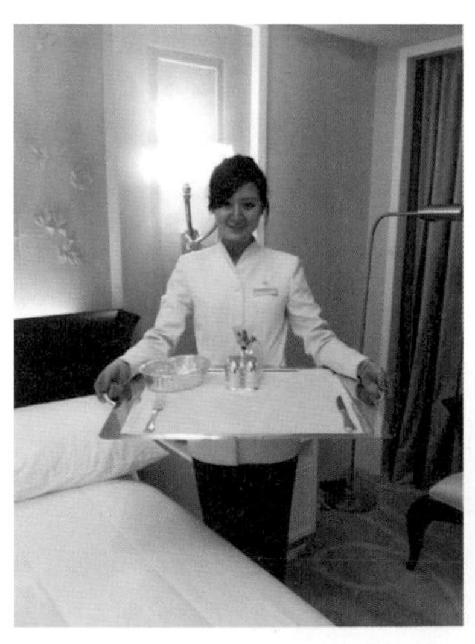

這兩種器具多為客房餐飲專屬，只是各飯店的服務托盤及餐車的材質、功能可能有所不同。

第四節　樓層管家

樓層管家就是在學習如何能自己一個人擔任私人管家，把每一位入住行政樓層或套房以上的貴賓都視為是VIP，那麼便有不同的VIP與經驗能夠讓樓層管家學習。

而每天值勤的工作內容，對於樓層管家來說是重複性相當高的，也因如此能夠讓管家從中不斷地練習進而熟能生巧。

這個工作是輪班制，交接就變得格外的重要了。因此管家部門常常會使用大量的交接本（Log Book）來傳遞訊息及必須追蹤的事項，以避免不必要的顧客投訴或遺忘。

一、管家交接本

當然任何形式的交接本都可以，只要將需注意的事項都詳細地記載，一定的格式、筆記本或制式紙張都可以（**表5-1**）。

二、樓層管家（Floor Butler）每日工作大綱

1.查房（Inspect VIP Room）。

2.準備貴賓喜好及迎賓小禮（Check the preference and prepared amenity）。

3.迎賓（Escort）。

4.送客（Farewell）。

5.飯店導覽（Hotel Tour）。

6.安排秘密通道控梯（Control Elevator）。

7.房內辦理住宿手續（In room check in）。

表5-1　管家交接本（Butler Log Book）

班別 時間	房號	客人名	住宿期間	追蹤事項 注意事項	交接 管家	結案
06/30 08：20	R907	湯先生	06/28 07/15	訂**日式餐廳／吧檯座位 07/05二位 晚上19：30	Butler A已訂	OK
06/30 11：58	R0512	Mr. Black	06/29 07/01	客人喜歡只圍下半身	Butler D	
06/30 13：28	R808	蔡小姐	06/15 07/30	易怒 服務請留意	Butler B	

8.晨間喚醒／喚醒服務（Morning call / Wake up call）。

9.擦鞋服務（Shoe shine）。

10.整理行李（Unpack Service）。

11.打包行李（Pack Service）。

12.購物協助（Shopping Assistance）。

13.私人助理（Personal Assistant）。

三、樓層管家需要和部分輔助用表格

樓層管家需要和部分輔助用表格如**表5-2**至**表5-4**。

表5-2　查房檢查表（Inspect VIP Room Check List）

（樓層管家使用Floor Butler Use）

<table>
<tr><td colspan="2">客房檢查表</td></tr>
<tr><td colspan="2">貴賓名稱：</td></tr>
<tr><td colspan="2">住宿期間：</td></tr>
<tr><td>VIP Code：</td><td>房號：</td></tr>
<tr><td colspan="2">貴賓相關其他準備及需注意事項 ：</td></tr>
<tr><td>待追蹤事項：</td><td>完成：</td></tr>
<tr><td colspan="2"></td></tr>
<tr><td colspan="2">管家：</td></tr>
</table>

表5-3　查房檢查表（Inspect VIP Room Check List）

（私人管家使用Personal Butler Use）

<table>
<tr><td colspan="2">VIP管家</td><td colspan="3"></td><td colspan="2">貴賓住宿期間</td><td></td></tr>
<tr><td colspan="2">貴賓名稱／等級</td><td colspan="3"></td><td colspan="2">房號</td><td></td></tr>
<tr><td colspan="2">其他顧客相關資訊／喜好</td><td colspan="6"></td></tr>
<tr><td colspan="2">□確認是否已將該房間擋住</td><td colspan="2">□熟悉房內設備及操作</td><td colspan="2">□旅客登記卡的檢查（客人名／房價及福利等）</td><td colspan="2">□確認是否有接送機</td></tr>
<tr><td colspan="3">入住前的其他檢查：
□熟悉房內設備及操作。
□確認是否照VIP等級開單至各單位（例如：花束、瓶裝水、特別小點等）。
□有無相關主管的歡迎卡或信件需要放置房內。
□確認客人是否有寄放物／包裹或私人信件在館內。
□迎賓水果的新鮮度及時節性。</td><td colspan="3">入住前的內部檢查：
□確認經理是否有VIP的行程，並瞭解注意事項。
□搜尋顧客相關資料。
□制服／名牌及名片是否準備並乾淨得體。
□有無特別之喜好可為客人準備？</td><td colspan="2">入住前的房間檢查：
□房間清潔深度檢查。
□測試電子相關設備：
a.電視／遙控器／音響。
b.網路連接。
c.管家箱。
d.IP Phone。
e.咖啡機。
□浴室設備測試。
□電動窗簾測試。</td></tr>
<tr><td colspan="3">□傳真機測試（若房間有設定）。</td><td colspan="3">□保險箱測試。</td><td colspan="2">□空調及燈光測試。</td></tr>
<tr><td colspan="3">□浴室乾淨度：
浴缸／毛巾／冰箱？
排水是否正常？
馬桶是否正常？</td><td colspan="3">□有無維修處待追蹤：
燈具／電子相關設備。</td><td colspan="2">□是否有依顧客此次入住目的，提供其他的資訊給你的貴賓（例如：來打高爾夫球／一週天氣預估／家庭旅遊／觀光景點等）。</td></tr>
<tr><td>備註</td><td colspan="7"></td></tr>
</table>

表5-4 樓層管家工作職掌（Floor Butler Job Description）

部門	客房部
職稱	樓層管家
單位	管家部
回報	管家幹部級以上
工作目標	負責提供全館樓層的客人專業化和個性化的服務。工作時限將按照班次時間安排。 樓層管家需要按照禮貌的、安全的和高標準的要求，並依照酒店的制度和程序，以確保為客人提供高水準的服務品質。
工作職掌及相關責任	
1.確保賓客接受到我們專業的管家服務，並提供有效和禮貌的工作效能。 2.在客房內依照賓客需求，提供溫暖和親切的服務。 3.負責前去問候負責樓層之新進房客。 4.詳細介紹房內設備，並解釋各項設備功能及操作方法。 5.隨時巡視負責樓層，協助客房走道的整潔。 6.積極與相關部門合作，以使我們的溝通更加順利，並提高客人的滿意度。 7.提供館內外餐廳、表演活動、觀光旅遊、禮車接送以及其他各項預訂服務，並回報賓客預訂情形。 8.熟悉飯店安全工作之運作及緊急連絡通報窗口。 9.在樓層上若發現房客門未關之情形，需盡到提醒之義務。 10.提供全館客房24小時餐飲服務。 11.瞭解飯店餐飲菜單中所有餐飲知識，並適時提供客人餐點與飲品搭配的建議或替代選擇。 12.提供客房餐飲準確、高品質及專業和個人化服務，提高賓客的滿意度。 13.熟悉房內網路及通信轉接服務方式，本地和國際報章雜誌及有關客人需要的任何相關訊息。 14.提供免費擦鞋服務及收費擦鞋服務。 15.瞭解台灣本地文化和每日發生的即時新聞。 16.熟悉各項酒類知識。 17.以有禮貌和有效率的方式回答及處理客人所有疑問及抱怨。若無立即解決方案則呈報主管，並保證會迅速再與客人聯繫。 18.盡可能瞭解賓客住宿期間的各種喜好及需求，以提高滿意度和整體住宿體驗。	

19.在任何時刻依照公司標準保持良好的禮儀。
20.有責任心地完成每班工作確認檢查表，並交予當班主管覆核。
21.用正面積極的態度，回應客人的要求、評論及抱怨。
22.當客人需要時，提供整理以及打包行李的服務。
23.介紹房內環境和設施，並且解釋房間特色。
24.提供送、洗衣或燙衣服務。
25.時常逐項檢視服務流程。
26.確認食物的遞送和服務要準時。
27.負責樓層的維修或其他事項追蹤。
28.隨時提供有禮貌和專業客製化的個人服務。
29.熟悉館內各項服務和設施。
30.隨時維持高品質的個人儀容和衛生。
31.隨時維持館內服儀標準。
32.和其他部門同事保持和維持良好互動關係。
33.和客人建立良好互動關係。
34.建立顧客喜好資料並持續追蹤。
35.迎賓小禮或其他房客需求物的遞送。
36.隨時表現正面與積極的態度並執行自我管理。
37.接受主管指派的工作並負責。

個案思考

1.每一間客房都備有二個漱口杯，但當你在做房間檢查時發現二位入住的客人共用一個漱口杯，只因另一個漱口杯被拿來泡假牙時，你會做出什麼樣的反應或服務？

2.外面正下著雨，而你在客房的走道上遇到正準備外出的客人，你會怎麼辦？

3.當你在貴賓廳服務的時候，你發現一名客人坐在椅子上，不停地變換坐姿，並時不時敲打著腰際和背部，你會如何處理？

4.在餐廳時，你看見一名客人三不五時看著手表，且似乎有些坐立難安的樣子，你覺得你可以怎麼做？

附件　相關樓層管家會使用到的SOP

附表5-1　SOP管家的貴賓問候

Standard Operating Procedure	
SOP Title:	Greeting by Butler
Department(s):	Butler Service
Position(s):	All Butlers

Reference No:	EB-000000		
Effective date:		SOP approved by:	
SOP Author:			
Position:			

Standard
當有VIP透過訂房進來，訂房組同仁及主管應立即確認對方抵達時間。 管家主管應立即指派合適的樓層／私人管家，並與訂房組／櫃檯同仁／服務中心保持良好聯繫，以確認在大廳迎接貴賓時一切順利。
Procedure
1.訂房組應與對方確認抵達時間，若需要樓層／私人管家接手確認時間，請事先向訂房組或該業務確認客人班機時間、司機聯絡方式及車號以利追蹤。 2.訂房組寄發E-mail至各相關部門，告知相關重要訊息並與管家保持良好聯繫。 3.貴賓抵達當天請再次向相關部門確認客人抵達時間，詢問對方聯絡人或司機聯絡方式，進行聯絡以確認確切抵達時間，並與對方保持聯絡。 4.於貴賓抵達前15分鐘，相關部門人員於大廳準備迎接貴賓（總經理／副總／業務主管／管家主管／負責之樓層／私人管家）。 5.當貴賓抵達時，由樓層／私人管家上前與貴賓互動，並於適當的時間引薦本館總經理等相關主管給貴賓認識，以表示對於貴賓之重視。 6.樓層／私人管家接手貴賓入住相關事宜，並隨時讓管家主管／總經理室／業務主管及業務負責同仁掌握貴賓動向及需求。 7.若貴賓是保密入住，則樓層／私人管家直接接待並於私下找合宜的時間，詢問貴賓是否同意本館主管前來問候（請樓層／私人管家注意，貴賓若真的不願打擾或十分低調，則不宜提出此需求，並請相關主管及總經理室主管瞭解此一情況，維護貴賓入住隱私舒適也是樓層／私人管家的專業工作態度）。

8.帶貴賓進房後： (1)若對方為第一次入住，請介紹房間各項重點設施及使用方式，並告知房內電話如何使用（例如：如何找到樓層管家、總機、餐廳或禮賓服務中心）。 (2)若對方已來過多次：可簡單詢問此次住宿是否需要其他服務或協助。 9.最後遞上名片，讓客人加深印象，並告知有任何需要協助可聯絡樓層／私人管家。

附表5-2　SOP管家如何協助貴賓將客用電梯控制

Standard Operating Procedure	
SOP Title:	Control Elevator
Department(s):	Butler Service
Position(s):	All Butlers

Reference No:	EB-000000		
Effective date:		SOP approved by:	
SOP Author:			
Position:			

Standard
為需要個人隱私及VIP房客（如政要、明星等），不想被打擾而需從秘密通道進出酒店），VIP客人將經由管家的帶領使用秘密通道進出飯店。 當有訂房資訊進來，主管應立即向業務部或其他資料來源，確認貴賓需求。
Procedure
一、迎賓 1.負責管家需瞭解當日有需要控梯的貴賓資訊，以及確認其聯絡方式、時間、車號顏色等。 2.確認相關資訊後，與貴賓先行聯絡並自我介紹，再次確認貴賓抵達時間及所需定點之位置（秘密通道出口及房間所在樓層）。 3.於貴賓抵達前約20分鐘，再次聯絡以下單位： (1)安全部的控梯人員待命。 (2)房務部辦公室人員協助清空會使用之走道及空間。 (3)服務中心準備協助下行李。 4.貴賓於抵達前，管家需再次確認電梯是否就位，並不定時與相關單位保持聯繫。

管家預備位置為：
飯店出入口與車道間，以看得到貴賓車輛下來的位置即可（管家請站在務必讓貴賓也能看的到位置）。
5.貴賓於抵達時，指引貴賓停車並迎接貴賓至其房間。
二、送賓或其他時間需要離館
1.確認貴賓離開時間，並告知該貴賓的管家會在房門前待命。
2.通知控梯人員將電梯拉至貴賓的所在樓層及將抵達的樓層。聯絡相關單位清空會使用到的走道及空間。
3.管家於貴賓預計離開時間前10-15分鐘在客房門前待命。引導貴賓至地下停車場，面帶微笑送貴賓上車，並目送車輛離開，直到看不見的距離，方可離開。
4.通知值班主管及相關單位貴賓已離館。
三、其他備註
1.使用秘密通道時，務必請管家要求其他飯店工作人員協助配合暫不通過。
2.使用秘密通道時，注意車輛限高不同，請確認貴賓的車種及高度（一般客車與保母車或其他車種高度差異）。

附表5-3　SOP管家如何幫貴賓辦理在房內之入住手續（有抵達時間）

Standard Operating Procedure	
SOP Title:	In Room Check-In（有客人抵達時間）
Department(s):	Butler Service
Position(s):	All Butlers

Reference No:	EB-000000		
Effective date:		SOP approved by:	
SOP Author:			
Position:			

Standard
為了讓貴賓入住有特別的尊榮感，管家應提供私人貼心的服務。
Procedure
1.確認客人確切的抵達時間。 2.至大廳櫃檯製作2張房卡及確認旅客登記卡上的資訊（如會員編號、入住與退房日期、房價、付費方式、住宿相關福利等）。

3.檢查房況於IP房（已檢查完畢房）後再次查房，確認2張房卡皆可使用，將其中一張房卡插上總電源，維持房內空調及燈光，另一張房卡保留給客人。 4.管家可幫客人預先辦理入住手續（pre-check in），並於住房系統中設定系統警示（alert）註明「pre-check in by whom」，以避免誤解客人已到。 5.於預計抵達時間前15分鐘至大廳準備迎接貴賓。 6.與服務中心再次確認客人座車車種及車號。 7.服務中心2nd call後至門口等候客人（若此時相關主管尚未前來，請負責的管家再次聯絡提醒）。 8.私人管家接到客人後，請先自我介紹，並同時介紹來問候的主管。 9.引領客人至該房間並為客人介紹房間設施。 第一次來的客人： 1.向客人借護照（身分證）及信用卡、抄下（或copy留底）護照（身分證）號碼、國籍、卡號及有效日期。 2.向客人確認退房日及時間、房價、是否含早餐、是否需要送機服務及每日報紙的喜好。 3.主動為客人介紹房間設施（管家箱／電視使用／空調等）。 4.主動遞上名片給客人，並告知若有任何需求請不吝聯絡管家。 常客： 1.向客人借用信用卡，核對是否為前次住宿同張信用卡，必要時抄下卡號及有效日期。 2.向客人確認退房日及時間、房價、是否含早餐、是否需要送機服務及每日報紙的喜好。 3.詢問客人此次是否有任何特別的需要。 4.再次遞名片給客人，並告知若有任何需求請不吝聯絡管家。 貴賓入住後： 將旅客登記表送回櫃檯辦理check-in及其他相關手續（信用卡過卡、客人的個人資料及喜好輸入等）。

附表5-4 SOP管家如何幫貴賓辦理在房內之入住手續（無抵達時間）

Standard Operating Procedure	
SOP Title:	In Room Check-In（無客人抵達時間）
Department(s):	Butler Service
Position(s):	All Butlers

Reference No:	EB-000000		
Effective date:		SOP approved by:	
SOP Author:			
Position:			

Standard
為貴賓入住有特別的尊榮感，管家應提供私人貼心的服務。
Procedure
1.確認客人確切的抵達時間。 2.至大廳櫃檯製作2張房卡及確認旅客登記卡上的資訊（如會員編號、入住與退房日期、房價、付費方式、住宿相關福利等）。 3.檢查房況於IP房（已檢查完畢房）後再次查房，確認2張房卡皆可使用，將其中一張房卡插上總電源，維持房內空調及燈光，另一張房卡保留給客人。 4.管家可幫客人預先辦理入住手續（pre-check in），並於住房系統中設定系統警示（alert）註明「pre-check in by whom」，以避免誤解客人已到。 5.與櫃檯同仁再次溝通，於客人抵達後，會直接於大廳櫃檯做check-in。請櫃檯同仁於客人check in時撥電話給負責的管家。 6.接到櫃檯同仁通知後，負責的管家至大廳接待客人。接到客人後，管家立即向客人自我介紹。 7.引領客人至該房間並為客人介紹房間設施。 8.主動提供服務（如提醒之後的行程／是否需要Wake up call／點餐等）或詢問客人是否有其他需求。 9.若客人已自行進房，亦請管家於10分鐘後，至客房前與客人Greeting，並提供相關後續服務。 第一次來的客人： 1.向客人借身分證或護照及信用卡，抄下身分證或護照號碼、國籍、卡號及有效日期。 2.向客人確認退房日及時間、房價、是否含早餐、是否需要送機服務及每日報紙的喜好。 3.主動為客人介紹房間設施（電視／電話使用／空調等）。 4.主動遞上名片給客人，並告知若有任何需求請不吝聯絡管家。 常客： 1.向客人借用信用卡，抄下卡號及有效日期。 2.向客人確認退房日及時間、房價、是否含早餐、是否需要送機服務及每日報紙的喜好。 3.詢問客人此次是否有任何需求可以協助。 4.遞名片給客人，並告知若有任何需求請不吝聯絡管家。

附表5-5　SOP管家如何提供晨喚服務

Standard Operating Procedure	
SOP Title:	晨間喚醒服務（Morning call）
Department(s):	Butler Service
Position(s):	All Butlers

Reference No:	EB -000000		
Effective date:		SOP approved by:	
SOP Author:			
Position:			

Standard
套房有提供私人管家時，私人管家應提供的服務之一。 當貴賓要就寢前，私人管家應與貴賓確認隔日早餐內容及是否需要晨喚時間。
Procedure
1.與貴賓確認晨喚時間（以下簡稱晨喚），並詢問是否有習慣的晨喚飲品（wake up drink）。 2.詢問貴賓是否方便我們直接進房晨喚？ If　　YES 記得詢問時間，並告知貴賓我們會於臥房門口敲門進行晨喚，並將晨喚飲品準備在客廳或其他貴賓指定的地方（如：臥室／飯廳等）。同時亦可詢問是否有早餐的需求。 If　　No 請確認貴賓是不需要此項服務或只是不希望我們直接進行晨喚服務。 （同時可提供使用電話進行晨喚） 提供此項服務時，請留意貴賓是否有其他特別晨喚習慣（如：咖啡香/掀床單／開窗簾等）。且如貴賓有要求報紙或早餐時，請在此時一併送入。

附表5-6　SOP管家如何提供擦鞋服務

Standard Operating Procedure	
SOP Title:	擦鞋服務（Shoe shine service）
Department(s):	Butler Service
Position(s):	All Butlers

Reference No:	EB-000000		
Effective date:		SOP approved by:	
SOP Author:			
Position:			

Standard
依房客要求收送擦鞋於標準程序及時間內完成。
Procedure
擦鞋流程：

1.先用乾淨的布擦去鞋面灰塵。

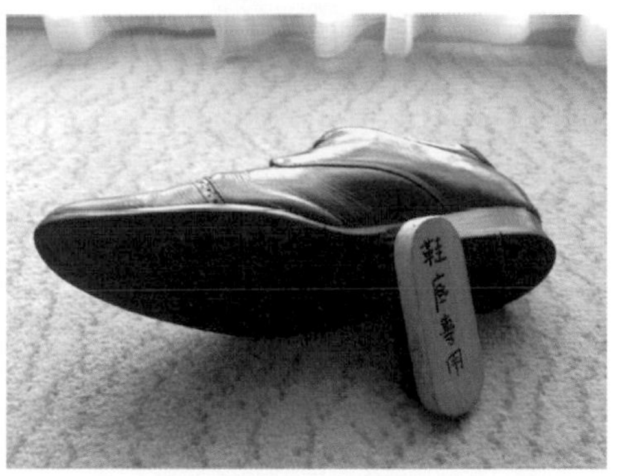

2.用鞋刷去除鞋底及車縫處灰塵。

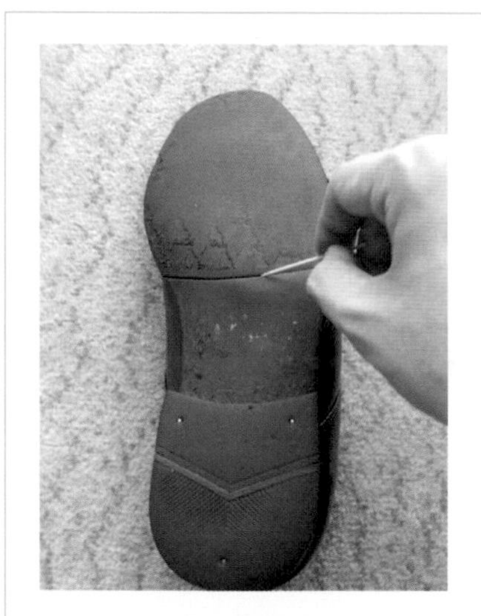

3.使用牙籤清理鞋底縫隙。

4.若需補鞋油，請依鞋子的顏色決定鞋油色別。

5.確實讓鞋油吃進鞋中，如有破損，請用按壓方式處理。

6.布上點水並以打圓方式讓鞋油吃進鞋中。

7.最後可用不織布擦鞋表面，使鞋面更亮。

8.等風乾再放進去鞋袋。

※檢查鞋油是否確實吃進鞋子的方法，於保養完畢後，直接以手指觸摸鞋表面，若仍會沾手，則表示有鞋油殘留，未風乾完成。

※一雙鞋子基本回報客人擦拭時間為一小時。

如有鞋帶之皮鞋請拿掉鞋帶，再開始擦拭（如未拿掉鞋帶，可能會導致客人在綁鞋帶時手沾到鞋油）。

善用鞋籃將鞋歸回給客人（圖片提供：台北喜來登飯店）

擦鞋卡

黑色擦鞋卡（免費）及紅色擦鞋卡（付費）（圖片提供：台北寒舍艾美酒店）

擦鞋卡為中英版本（正、反面），請依客人國籍填寫合宜之語言。
清潔完畢後，請在鞋卡空白處手寫ok圈起來，並填寫當天日期（請詳見右圖），以利客人辨識。

附表5-7　SOP管家如何提供整理與打包行李

Standard Operating Procedure	
SOP Title:	整理與打包行李（Pack and Unpack procedure）
Department(s):	Butler Service
Position(s):	All Butlers

Reference No:	EB-000000		
Effective date:		SOP approved by:	
SOP Author:			
Position:			

Standard

為提供更具個人化的管家服務，管家提供整理與打包行李的服務，讓入住的貴賓有更多的時間可以處理並計畫自己的事務。

Procedure

一、整理行李（UNPACK）

(一) 較大的置衣間

1.女士衣服置於左方。

2.男士衣服置於右方。

（或可留意下方若有置鞋櫃則可彈性換為男士置衣處）。

(二) 較小置衣間

則保持女士在左／男士在右的標準即可。

(三) 掛衣櫃（左到右）

1.深色到淺色。

2.大衣＞外套＞襯衫等。

(四) 抽屜（上往下）

1.衣物配件：如領帶、吊帶、手帕等（大部分領帶會以吊掛為主）。

2.貼身衣物、一般衣褲／T恤／毛衣等。

3.襪子需分開置於最底層。

二、打包行李（PACK）

1.檢查所有衣服、外套口袋（若有紙鈔或硬幣，請置於桌上明顯處）。

2.易碎品不包（或再次詢問客人希望怎麼拿取）。

3.高價物品不包（或再次詢問客人希望怎麼拿取）。

4.尖銳物品可善用軟木塞或白報紙類包好，避開造成受傷的可能。

5.幫客人留下需換穿的衣物、配件及鞋子。

6.若有任何讓你有疑問或感覺不舒服的物品，可先不動並留置行李箱內（暗示性告知客人行李箱內仍有部分物件未歸即可）。

7.整理完畢後，留下你的名片，並將行李箱保持不上鎖的狀態。

三、標準行李箱裝箱

分層解剖圖（每一層分類皆以透明紙張或白報紙區分）

(一) 最上層

1.貼身衣物／保養用品／藥物／飾品。

（鋪上一層透明紙張或白報紙）

2.衣物配件：如領帶、吊帶、手帕等。

（鋪上一層透明紙張或白報紙）

3.一般衣褲／T恤／毛衣等。

（鋪上一層透明紙張或白報紙）

4.外套／大衣／其他較重之衣褲。

（鋪上一層透明紙張或白報紙）

(二) 最底層

鞋子／書籍／其他較重之物品。

四、注意事項

1.不確定的藥物，需再三與客人確認是否置於行李箱或其他隨身小包內。

2.尖銳的器具可以用軟木塞隔絕，或以白報紙另包。

3.鞋子需於內側置入撐鞋架或報紙類，避免擠壓變形，並以鞋套包好。

4.有電池的物品應將電池取出另放，以免起物理（化學）作用。

5.所有衣物需將有扣子的部分全部扣上。

6.有髒的衣物需另行打包，並在袋上貼上告知。

7.同類型之物品可分裝小包裝打包（如保健藥品、化妝品等）。

8.打包前，需瞭解行李箱的底部在哪，以利裝箱的順序。

同類型之物品先歸類在一起包裝好，再收入行李箱中放好。

附表5-8　SOP管家如何送客

Standard Operating Procedure	
SOP Title:	送客（Farewell）
Department(s):	Butler Service
Position(s):	All Butlers

Reference No:	EB -000000		
Effective date:		SOP approved by:	
SOP Author:			
Position:			

Standard
為提供從一而終的管家服務，管家在協助貴賓辦理退房受手續時，問候客人並關心此次入住的情況，讓客人感覺受到重視與尊榮的感受，並表達期待客人的再度蒞臨。
Procedure
一、需要Farewell對象 (一) VIP Guest 如：總統套房及大套房以上貴賓。 (二) 特別留意之住客 如：房客入住期間曾發生不愉快的事件或曾經找過主管出面道歉之客人。 二、流程 1.預先留Check-out Alert，請櫃檯或Lounge同仁通知我們客人何時check-out。 2.接到check-out通知後，立即前往辦理退房所在。 3.盡可能在客人辦理check-out時在場，先詢問此次入住是否一切安好。若是Farewell SPE客人，則再次向客人致意。在客人辦理完check-out後，陪同客人到大廳farewell。 4.若無法在辦理check-out時在場，也應在大廳或地下停車場出入口等候客人的到來。 5.陪同客人走到飯店大門（或停車場入口），親自替客人開車門，再次感謝客人選擇入住，並表達期待客人的再度光臨。 6.若客人離開時有表達意見或抱怨，應先感謝客人給予寶貴的建議，並告訴客人會將該建議或待改進的事項傳達給飯店高層。待客人離去後，應向直屬主管回報客人的建議或抱怨。若是可以馬上處理的問題（如：水溫不夠），則通知該管轄的部門，請他們處理。若是無法馬上處理的問題，則請直屬主管在開會時，代為傳達客人的意見或抱怨。

跨部門交叉訓練

Chapter 6

重要性

第一節　工作技能

如同前面幾章提到，若有相關工作背景，當然很好，因為不需為了一些飯店常用詞（**表6-1**）而煩惱不理解其意義，也較能進入狀況，學習進度會較快，會比一些完全沒相關經驗的同仁少一些壓力及挫折；而沒有相關工作背景的新人最重要的學習其實反而是對工作的抗壓性、熱忱及學習能力，有時一張白紙反而更容易吸收及進入狀況。

相關工作背景所能提供的資源協助前面有講到，而這裏就來探討若已有了相關經驗，還需要注意什麼或有何不同。

櫃檯除了制式的Check in與Check out，管家則更需要把握與貴賓接觸的時間。

以Check in為例，除了基本要與客人詢問的資料外，更要能藉由與客人的聊天互動，盡可能問到需要的資訊，像旅客登記卡上，大多只會有報紙喜好的詢問，而可能有過餐飲服務的管家，可以善用其經驗，再多詢問一些是否有飲料上的指定品牌，可以當迎賓飲料或在貴賓下次入住時提供的迎賓小禮。而有過業務經驗的管家，往往在向貴賓介紹客房時，都能像想要賣產品一般，將房內設備、空間設計說得好到讓人忘了，其實客人早已付了費用似的，不知道的人還以為管家是希望客人下訂呢！

當然，過往的經驗只能給予部分學習上的協助，也不能過於展現以往經驗，畢竟過與不及的服務都是不好的，只是善用所有工作技能，並使其融會貫通，目的是讓管家多方位提供貴賓最好的服務。

表6-1　飯店常用／專用詞

用語	原意	備註
Excom.	經營管理委員會 （公司選出做決策的人）	Executive Committee
Dept.	部門／單位	Department
GM	總經理	The General Manager
FIN.	財務部	Financial Dept.
HR	人力資源部	Human Resources
ENG	工程部	Engineering
MIS	資訊室 （資訊管理系統）	Management Information System又或EDP或IT EDP=Electronic Date Processing IT=Information Technology
DOR	客房部協理	Director of Rooms
Rooms	客房部	通常客房部包含：客務部、房務部及管家部
FOM	客務部經理	Front Office Manager
FO	客務部	Front Office 又或FD FD=Front Desk（前檯）
HK	房務部	Housekeeping
OP	總機或話務人員	OP=Operator又或GSC GSC=Guest Service Center
BC	商務中心	Business Center
DOS	業務部協理	Director of Sales
S&M	行銷業務部	S= Sales業務 M=Marketing行銷
PR	公關部	Public Relation
DOFB	餐飲部協理	Director of F&B
F&B	餐飲部	Food and Beverage
BQT	宴會廳	Banquet
Escort	迎賓／護送	
Greet	問候	
Farewell	送客／送別	
Check in	入住	C/I=Check in
Check out	退房	C/O=Check out

（續）表6-1　飯店常用／專用詞

用語	原意	備註
Due in	預進房	D/I=Due in
Due out	預退房	D/O=Due out
1st call	第一段訂房	在住宿系統內為第一段住房的意思
2nd call	第二段訂房	在住宿系統內為第二段住房的意思
1st call	已接到客人（還在機場）	在接機服務內為已接到客人（還在機場）的意思
2nd call	下交流道（近飯店）	在接機服務內為已接近飯店的意思
OOO	指短時間無法銷售的客房	OOO=Out of order
OOS	指暫時無法銷售的客房	OOS=Our of service
DND	請勿打擾	DND=Do not disturb
Turndown service	夜床服務	
Turndown amenity	夜床小禮	
Morning call	晨間喚醒服務	大部分為語言通知服務
Wake up call	喚醒服務	大部分為語言通知服務
Room status	房間狀態	客房部常用於排房／控房
Dirty room	尚未打掃房	房客入住或退房時的房間型態
Clean room	乾淨房	空房在房務人員打掃完後的房間型態
Inspected room	檢查完畢房	在房務人員打掃完，房務領班檢查完後，隨時可賣的客房
ETA	預計抵達時間	ETA= Estimated time of arrival
Pre Auth	預先授權（信用卡）	Pre Authorization
Routing	經由……或帳轉	通常用於房客住宿系統內的結帳功能中的一項
TBC	待確認	To be confirm
VIP	重要貴賓	VIP=Very important person
R card	旅客登記卡	R card =Registration card
Tower letter Benefit letter	行政樓層優惠／福利函	入住行政樓層有會不同於一般樓層客人的優惠／福利，因此通常在Check in時會拿到此函
In house letter	客房內資訊	飯店內非常態性資訊，會以信函方式呈現於客房內，讓住客瞭解最新資訊／活動
Master key	萬用鑰匙	可以打開飯店內任一間客房的房卡

（續）表6-1　飯店常用／專用詞

用語	原意	備註
Show room	展示房	擋下來先不做銷售的客房。給客房業務帶客人看房間的展示房
Alert	提醒／警示	通常用於住房系統中，用來提醒作業同仁需注意事項

第二節　信任感

在接待貴賓時，管家會面臨其極大的挑戰，因為需要在很短的時間內，得到對方的信任，管家需要隨時在側服務貴賓，若無法讓客人放心及信任，很多時候所提供的管家服務形同虛設。主動性是管家必須的一項技能，不是凡事都說：「我來！我來！」而是知道何時該主動、何時該默默在一旁協助就好。

管家必須隨時提供客人所需的服務，例如對附近旅遊景點的介紹與地圖的提供

當然，這感官的部分難以用文字敘述，很多的時候是以管家在現場的表現及服務來贏得貴賓的信任。為何需要對方的信任呢？管家需要隨時進出貴賓的房間以提供服務。除了貴賓在房內時的需求外，當貴賓外出時，管家若無陪同，則會在館內準備與房務人員整理房間、自行細心記錄貴賓的喜好、擺放夜

間小點、詳閱貴賓接下來的行程、查詢是否有需要準備的事項等。

因此若一名管家被貴賓拒絕在外，無法得到貴賓的信任，則不能提供好的服務，更別說從中學習、成長，及得到貴賓的肯定和自我的成就感。

雖說「信任」這感官的部分無法寫成SOP來加以訓練，但要讓客人信任管家有一點相當重要，就是管家對於自我的知識要求和館內所有產品的瞭解。若貴賓需要的資訊都能從容不迫、完整且迅速地提供，那一份穩定的專業態度，想必會讓貴賓很快地便能相信進而依賴管家。

飯店知識專欄

信任感在所有的貴賓當中最具挑戰性的、最難獲得的，不外乎為國家元首了，除了元首本人之外，安全官、隨扈官、駐台大使等，都需讓他們相信該名服務的管家，於是若能自由進出元首入住的總統套房，又能隨時在側服務，那麼真的可稱為專業的私人管家了。

服務元首的制式流程：於元首抵達前先與安全官、隨扈官、駐台大使等人確認一次服務流程及動線，服務期間所有事項皆需讓飲食安全官先檢查或嚐過無誤才可往房內遞送，而大部分的遞送也非都由私人管家親自進入房內，而是交給隨扈官，因此有時一趟接待下來，私人管家都沒見過元首的情況也經常發生。

實例分享

某年在服務邦交國總理時，從行前會議與負責業務人員、外交部人員及對方的安全官、隨扈官等見面，並瞭解服務上的禁忌，到需清楚知道對方的稱謂（如許多國家需尊稱國王、總統、總理、陛下等），都需要多次的會議及溝通，怠慢不得。

而那一次也是接待總理，總覺得身邊的安全官、隨扈、駐台大使等，都比管家緊張。第一晚抵達後，總理與大臣們在飯店總統套房內稍做休息，讓管家有時間可以與總理、第一夫人及駐台大使自我介紹，並為他們準備了下午茶於房內使用。而就在談話中，就在旁服務的管家當然也就聽到了接下來的行程，就在送走了駐台大使的同時，總理告訴管家要去休息一下，在一路與安全官、隨扈陪總理回房的同時，管家輕緩地向總理的身邊接近，並詢問了是否需要wake up call，同時提醒總理六點有要到總統府的晚宴。就這樣一個小小的動作和提醒，讓這名管家在接下來的服務期間，可以自由地進出總統套房，並每日由管家親自送入早餐，且親自提供總理及第一夫人晨喚服務，而這讓身為總統管家的同仁感到十分榮耀，而服務方面也不再需要多方報備及安全人員的陪同。

當然，最大的感動還是總理一行人準備回去時，總理親筆寫給該名私人管家的感謝函。

而這樣的案例就是成為管家最有成就感的時刻，讓貴賓允許管家可以自由進出房間是需要很大的信任感的，特別是這樣的國家元首級貴賓。

第三節　未來方向

管家部門是一個相當具有優勢的部門，特別是在飯店裏。怎麼說呢？如果是在餐飲部任職的同仁，學習範圍當然會以餐廳內為主，如領檯帶位、點餐介紹及協助客人搭配菜色、菜口控菜、跑菜，也許有機會還能當侍酒師，幫客人點一支能夠替今天菜色加分的美酒，但畢竟還是在餐飲部裏轉啊轉，接觸不到客房，當然對於房內設備、價錢等，也就全然不知；反過來說，客房同仁也是一樣，對於菜系是什麼樣的口味、什麼樣的菜應該配什麼樣的酒精性飲料、什麼樣的溫度對於紅酒最好等，也不會知道，難怪有人說飯店中的兩大派系（客房部及餐飲部）像是兩個不同的世界。而飯店完全支持管家在這兩大部門學習，讓管家全方位地在客房及餐飲的專業領域裏不停地吸引知識，因此當管家真的需要學習很多很多的工作技能。

因為可以學習不同的工作技能，管家的未來當然無疑的選擇性也就多別的同仁很多。而除了在同業飯店的選擇調換、跳槽外，現在也有越來越多的富豪、實業家等，在尋找專業人士，可以招聘來當自己的私人管家，又或是負責整個家族的服務。而通常他們都會找有飯店經驗的管家居多，一來懂得食衣住行的安排，再來對於常常需要在飯店宴客這些大老闆們，飯店進出和菜單的安排也都可以由這些飯店出身的管家一手搞定。

當然，有許多管家加入管家部門不滿兩年就轉去其他單位，因此要成為一名專業的管家，扣掉前面所接受的訓練，筆者個人認為至少要擔任三年以上，才能稱之為管家。

在客人Check in時，可順便詢問一些相關問題，瞭解客人喜好，以便提供更令客人滿意的服務

第四節　交叉訓練圖表

這是相當基本的跨部門學習表，從入門的跨部門學習表到樓層管家的值勤，不外乎都在為了能早一些成為可以獨立作業的私人管家。

要從新人到樓層值勤，最少都要有三個月的學習期，這還不包括每個人的學習進展及吸引能力，因此要被稱之為「管家」，至少都要花上三到六個月的培訓。

而跨部門訓練依飯店住房率及各部門的安排，不一定會在報到後立即就能有這樣的機會（大多會依現場狀況、人力、該管家的學習能力安排），於是往往很多的管家會在一知半解的情況下，直接服務貴賓進而無法提供其專業的管家服務，這樣的情況稱為On job training（直接在工作中學習）。

表6-2　跨部門交叉訓練學習表

部門	學習時間	學習目標	其他
櫃檯 Front Office	30天	Check in & out 帳務的處理	總機 商務中心
房務部 Housekeeping	30天	做床 整理房間	樓層領班
服務中心 Concierge	15天	接送機服務 收發包裹／郵件 旅遊及其他資訊 交通安排	行李員 機場接待
餐飲部 Food & Beverage	30天	用餐禮儀 酒類知識 服務基本技能	中餐餐飲服務 西餐餐飲服務 包廂服務 調酒員

大致上每一位管家的跨部門安排，都會依該管家的經驗做一定的學習天數調整及輪值。

跨部門學習主旨在讓管家能夠成為全方位飯店服務人員，也希望在各部門學習的管家，能夠瞭解其他部門工作上的困難及最忙碌的時段，進而在有需要其他部門協助時的判斷和有效支援。

當然，每一個部門都有大大小小的專業技能和標準作業需要讓管家學習，也很難敘述完整，在這裏只能舉部分例子及大方向，而飯店的服務每天都在更新，只為提供更好的感覺給客人，跨部門的交叉訓練無疑是讓管家學習更多的專業技能，進而給予其他相關部門有效協助及更多的工作上的體諒，而管家更可以此機會多接觸其他部門的同仁。

表6-3　Butler Training Schedule　“Sample”

Date Name	Front office	Concierge	Housekeeping	In Room Dining	F&B
Butler A	20140915 20141015	20141017 20141117	20141120 20141220	20141220 20141231	20150101 20150201
Butler B	20140320 20140420	20140422 20140522	20140525 20140625	20140628 20140728	20140729 20140829
Butler C	20140101 20140301	20140302 20140317	20140320 20140331	20140410 20140510	20140512 20140530

*以上表格，只是指出部分重點單位，當然管家需學習的還有更多技能，如品酒、各式菜系概念、藝術品觀念、古董鑑賞、精品知識等。

個案思考

1.管家服務大部分以客房為主，為何要去餐飲部學習？特別是還要學習包廂服務和調酒？

2.為何所有的跨部門學習都需要至少15天以上的時間？安排個2~3天去一下不就好了？

Chapter 7

客務部

第一節　大廳櫃檯角色及功能

一、客務部之工作職掌

客務部是飯店的服務中心，掌控整間飯店日常的營運，包括飯店整日的總結帳。

客人入住飯店後由櫃檯接待人員辦理住宿登記與房間安排；再與服務中心行李員聯繫安排送行李之服務；而當客人住宿期間有任何的問題或有關電話的使用，都需與總機詢問，若住客為商務客人，亦須商務中心的服務，最後當客人預退房時，更應至櫃檯辦理退房手續。客務部的角色分為：

1.櫃檯接待人員（Front Office Agent）。
2.總機（Operator）。
3.商務中心（Business Center）。

二、每日工作大綱

客務部人員的工作職掌概略（櫃檯值班人員為管家最需學習之對象）：

1.前一日先行排房，預先將房號做好安排，以便掌握房間數。
2.隨時掌握最新住房情況，並保持電腦住房狀況的正確性。
3.瞭解住房率，當日住房客及預退之房間數，貴賓的姓名、身分，預進團體，及當日各餐廳的宴會資料與飯店內所舉辦之活動等。
4.確實瞭解飯店裏之各項設施、服務項目、房間型態及各餐廳營業時間。

5.辦理個人與團體旅客住宿登記、房間或電梯及其他引導、在房客辦理好手續後將其個人基本資料（如姓名、出生日、護照號碼等）輸入電腦系統內存檔。

6.依房客要求，處理退房、換房的相關手續，並通知有關單位配合。

7.協助房客解決處理問題及顧客抱怨之處理，並向上級反映房客意見。

8.兌換外幣與退款作業。

9.完成房客交代的事項，如代訂鮮花、門票等。

10.房客離店後及住宿期間，協助處理個人歷史資料及喜好登記及輸入電腦。

11.負責在大廳的任何資訊協助及方向引導。

12.房客住宿期間的所有事項協助，並與安全室及其他部門一同維護房客安全。

13.飯店24小時保管箱的服務提供。

14.櫃檯人員負責退、住房各項事務。

15.必要時代替飯店陪同客人就醫。

16.值班經理（Duty）則負責館內所有顧客抱怨或當班櫃檯人員無法處理之事務。

註：以上只是部分工作概略參考。

第二節　大廳設施

客務部（Front Office）與服務中心負責所有大廳的相關事項，而不論是來住宿或用餐，甚至只是路過借洗手間的客人，身為飯店第一線的客務部同仁，都必須有著良好的服務態度及專業形象。

一、大廳櫃檯

亦可稱為大櫃（Front Desk），既然是客務部，櫃檯當然是每日作業的工作區域。客務部又可稱為大廳櫃檯、前檯或大櫃。依飯店規模有不同，而有不同數量的電腦可連接飯店作業系統，協助房客辦理入住、退房等相關手續，當然資訊的詢問和外幣的兌換也是在這裏的。

二、大廳酒吧

飯店大廳大多會有大廳酒吧（Lobby Lounge），可提供旅途疲累想暫時放鬆又不想立即回客房的住客。

三、服務中心櫃檯

提供所有旅遊資訊、館內外資訊的詢問，當然全館的報紙及行李的派送，也都是由服務中心櫃檯（Concierge）安排的。

四、大廳等候區

在人來人往的飯店大廳，等候區（Waiting Area）是相當重要的一塊區域，等客人、等房間、等行李，於是一間飯店若是沒有等候區，則易讓客人抱怨。

飯店大廳的等候區

飯店知識專欄

一般飯店住房及退房規範大多為：下午15：00可辦理入住手續，中午12：00需辦理退房手續。這樣的時間安排可讓客房的排序正常，當然也有例外，因應這樣的狀況，飯店大多會有額外的空間在飯店大廳，稱為等候區，也方便讓客人有地方休息等候。

但因國人都習慣「提早」到，就連住房也不例外，因此常有大廳一堆人等候的情形發生，而人一多情緒的反應就愈加容易發酵，所以等房抱怨的處理是飯店每天都會上演的戲碼。而現在有許多小型飯店或商務旅店，因空間小的關係不會提供等候區，但這一類型的飯店反而不會產生抱怨。

五、二十四小時保管箱

飯店大廳櫃檯的保管箱

雖然客房內大多附有迷你保險箱，但對於較貴重的物品，房客還是較放心放在有二十四小時飯店人員值班的大廳保管箱；當然，飯店喜宴的客人也是使用這項服務的高族群。

通常在櫃檯的保管箱用的還是傳統的鑰匙，而每一格保管箱都需要兩把鑰匙同時使用才能開啟，而這兩把鑰匙則由客人和櫃檯各持一支。

六、其他設施

1.無線網路區。
2.ATM（金融機構的自動櫃員機）。
3.商務中心。
4.小型的休息區。
5.禮品店。

以上設施會依不同的飯店型態而有所不同。

飯店大廳櫃檯的無線網路區

飯店中多設有精品店或藝品店吸引顧客消費

第三節　學習夥伴及工作內容

客務部與管家的工作息息相關，因為服務的對象大多都是以房客為主，而管家要學習好櫃檯人員的相關作業，進而在擔任私人管家時，可完完全全、自始至終不需假借他人之手來服務貴賓，當然這裏只能提出幾點參考，管家要學習的事務則是不定時在更新、進步的。

櫃檯人員的所有的基本作業都是管家必學的工作項目。

一、房間安排

依據客人的喜好，協助入住前的安排。最常見的安排則以客人喜歡面朝哪一個方位，例如面向南方、有風景的視野，或喜歡靠近電梯、轉角房等。

在房間的安排上常有些許需注意的地方，如FIT客人一行人來住房，要留意位階關係，因為一般人對於高樓層都有比較好的觀念，所以在排房的時候要注意到；而團體客人則較多喜歡被安排在同一樓層，因此那段時間的前後住房客的安排則格外重要。

另外，像國籍的留意事項、文化宗教的禁忌等也需特別小心。

二、住宿登記

管家大多提供房內快速辦理入住手續（In room check in），於是紮實地向櫃檯同仁學習Check in相關事務則更為重要。

管家必須學習如何準備旅客登記卡（Registration Card, R card）、房卡的製作、如何向客人一一核對資料，以及住宿期間所有權益、福利的解說，如：健身房使用時間、洗衣優惠、市區用車，及飯店內、外環境介紹等。

櫃檯人員通常是接待客人的第一線人員，其工作內容及接待技巧，都是管家必須熟悉與精通的

三、換房事宜

常有客人在入房後，因某些因素而提出換房的需求，在詢問過客人換房理由後，開立「換房單」交給服務中心同仁去執行換房動作，然而在已經辦理Check in而行李也都送房的情況下，雖然服務中心的同仁也能協助，但若由管家親自前往問候並在一旁協助，房客的感覺自然不同，且亦能當下減少服務中心同仁的工作量，進而達到管家與其他部門的良好互動及相互協助。

四、退房手續

在客人準備退房前，核對所有消費金額是否正確、餐廳簽單是否附上、需有優惠的部分是否已做折扣等。自己先將所有消費內容確認一遍，在與客人核對時，較清楚地能夠解釋並可以給客人放心、專業的感覺。

五、開啟上鎖的保險箱

當房客退房後，若房務部同仁打掃房間時，發現保險箱仍在上鎖的情況，都會統一通知櫃檯，再由櫃檯同仁或大廳值班經理會同安全室同仁，前去將上鎖的保險箱開啟。若保險箱開啟後，發現有貴賓物品則在清點前，會先行拍照存證，並由這兩個部門進行對點所有金錢及物品，聯絡房客等後續工作則由櫃檯同仁執行。

六、處理房客遺留物

除了上述保險箱之遺留物外，其餘遺留物作業皆由櫃檯同仁負責與客人聯繫，不論是透過手機、電子郵件或業務等方式告知。而在客人尚未前來飯店領取前，房客遺留物則由房務部統一保管存放。

飯店知識專欄

遺留物大致上分為兩大類，食品飲料類或其他類。食品飲料類，保存期間較短，大致以三天到一星期為主，如未開封的食品及飲料尚能存放個一星期，而整瓶酒也較能保存，故可以依產品的不同而有所調整，其他類型則期限一過就直接丟棄；其他類別則較為廣泛，可能是衣物、禮品等。而這類型的遺留物每間飯店保存期限不同，有的飯店會在三個月或六個月不等的期限到期後，退給當初的拾獲者，有的則會不定期開放給員工以小小的金額認購這些物品。

而最大宗的遺留物居然是：雨傘。

當然，雖說遺留物大致上都由房務部保管，但貴重物則統一放置櫃檯保險箱。

七、處理房客抱怨

全館除了總經理和當天的值班主管（Manager on Duty, MOD）外，職權最大的就是大廳值班經理（Duty），於是Duty在處理房客抱怨或解決任何房客的疑問，都需要有相當的耐心及專業判斷能力，而管家在這一方面的學習，也是可以跟著Duty身邊多看的，畢竟每一天在飯店內發生的事情都不同，處理的方式也不一樣。

實例分享

管家常在貴賓Check out後，立即檢查房內是否有遺留物，且盡可能在第一時間聯繫客人，並協助送回或做寄存。當然若遺留物的價值並非貴重到一定得立即聯絡房客，則盡可能以不打擾客人為主，直接寄存，等待下一次入住再放置預進房內，而管家或飯店人員在遺留物貴重與否的認定上是相當重要的。

記得有一次在私人管家結束當次的服務，總管家陪同管家做最後的巡查，於房間內發現一些小物品未帶走，看見該管家準備將這些物品用盒子裝起來，於下次客人回來時再放在房內歸還給客人。總管家詢問了該管家，那些物品當中是不是有布偶娃娃。管家回答是啊！但並不覺得有什麼不對之處。總管家告知該管家，雖然布偶娃娃對一般人並無任何價值性，但有些人卻是無它不可，可能連它不在身邊，入眠都有問題。於是當下便請快遞將它送交給對方。隔日，該貴賓來函請飯店幫忙找尋她的布偶娃娃，並說自飯店離開回到家後，因遍尋不著而哭了許久，並告知飯店那個布偶娃娃是陪著她長大的等等重要性故事。管家部門立即回了一封信告知客人：布偶娃娃已在發現的同時，請快遞送回您的身邊，估計於下午您可收到，其快遞公司名為xxxx，貨品編號為xxxxxxxxxxx。

如果客人是在境內，也許可以直接派車前往，那麼客人當天就可以睡得很好了。

飯店知識專欄

總機（Operator）

總機是飯店內不可或缺的一個重要單位，但卻甚少被人重視。每一通電話總機都必須專業且有耐心地聆聽客人的問題和抱怨。

除了接聽／轉接之外，全館的Wakeup call及緊急廣播也是由24小時值班的總機人員負責。

飯店的總機部門

註：依飯店組織的不同，有些總機不只是以上工作概述，而是合併了訂席、訂房及客房餐飲點餐服務。當然可以提供One button service就客人而言是很好的服務，但很容易就會有較不專業的情況產生，如房客點用客房餐飲時，若客人想多詢問一下做法及內容，總機服務人員就無法立即給予回答了。

個案思考

1.一名女子自飯店外走進來，向櫃檯同仁表示要上7樓找房客，請問該如何協助此名客人？

2.管家在樓層上與遇見一位房客，正一遍又一遍地使用房卡刷房門前的感應，卻怎麼也打不開門，看著房客火氣越來越大，管家該如何處理？

附件一　旅館業星級評鑑的重要性

國際間常用的旅館評等為星級等級，最低為一星級，最高為五星級。其等級的評比分二大項目，分數評分以旅館的建築、裝飾、設施設備及服務來衡量。

星級越高通常代表著旅館規模越大、設備越完整、服務越精細，當然隨之而來的便是意謂著訂價越高。有些旅館沒有任何的星級，因為可能該飯店在評鑑的過程不如意或連一星級的標準都未達到。

由於五星級的旅館越來越多，而且一些新建的豪華旅館在品質上已明顯高於傳統的五星級，因此坊間便有了六星級，甚至是七星級的廣告出現。而這種評等未必經由政府機關認定，很多時候只是飯店自己的誇張說法，但也是具有一定事實基礎，如住客評價或網路宣傳，才得讓飯店用這樣的方式宣傳。目前在世界上號稱七星級的旅館，包括位於杜拜的阿拉伯塔（Burj Al Arab，俗稱帆船酒店），以及位於澳門的新葡京酒店等。

一、台灣觀光飯店

(一)國際觀光飯店

台北寒舍喜來登大飯店、香格里拉台北遠東國際大飯店、台北威斯汀六福皇宮、西華大飯店、晶華酒店、台北老爺大酒店、台北君悅大飯店、台北圓山大飯店、W Taipei、台北寒舍艾美酒店、大倉久和大飯店及台北花園大酒店等。

(二)一般觀光飯店

台北凱撒大飯店、怡亨酒店等、三德大飯店、富都大飯店、康華大飯店、國王大飯店、兄弟大飯店、力霸皇冠大飯店、國聯大飯店、柯達天旅、亞都麗緻大飯店、台北長榮桂冠酒店、台北國賓大飯店、台北福華大飯店、維多麗亞酒店、台北華國大飯店、台北君品酒店、北投麗禧溫泉酒店、美麗信花園酒店、台北福容大飯店等。

交通部觀光局頒發的星級旅館標誌

擁有五星級評鑑的飯店大多會將認證放在大廳

二、星級評鑑的兩大項目

(一)外觀建築及硬體設備評鑑

1.建築物外觀及空間設計。

2.整體環境及景觀。

3.公共區域。

4.停車設備、餐廳及宴會設施。

5.運動休憩設施。

6.客房設備。

7.衛浴設備。

8.安全及機電設施。

9.綠建築環保設施。

總分	一星級	二星級	三星級
600	60~180	181~300	301~600

(二)服務品質評鑑

外觀建築及硬體設備評鑑分數需達600分以上，才會進行此項評鑑。

1.現場檢視服務。

2.安排秘密客入住。

3.依各單位有不同的評分列表：

(1)健身房：員工是否具備運動傷害緊急防護、水上救生、CPR等專業知識。

(2)房務部：員工是否能注意基本禮節（輕敲房門、問候，以及是否尊重客人「請勿打擾」標誌等等）。

(3)客房餐飲：餐點是否於適當時間內送達（依所點菜式之樣式及項目多寡而定，但最長不得超過30分鐘）。

服務品質總分	建築設備總分	總得分
四星級 軟體+硬體得分 600分以上	須達301分以上者	600分以上
五星級 軟體+硬體得分 750分以上	須達301分以上者	750分以上

有鑑於英語為國際間較通用語言，本評鑑項目中有關員工外語能力評鑑仍以英文為主，如考量該旅館主要經營對象為日本旅客，則可代之以日語能力評比。

星級評鑑由觀光局審核，台評會辦理，並由台評會進行實地評鑑。

附件二　管家會使用到的客務部部分SOP參考

SOP如何接聽電話

Standard Operating Procedure	
SOP Title:	接聽電話
Department(s):	Front Office
Position(s):	FO agent

Reference No:	FO-000000		
Effective date:		SOP approved by:	
SOP Author:			
Position:			

Standard
不論內部同仁或外部客人來電話，都要給予最友善的態度及提供最專業服務。 每一通電話需於鈴響三聲內接聽，並於對話的過程中至少尊稱對方名稱三次以上。 說話速度不宜過快或過慢、不需過於字正腔圓，但亦不可含糊不清。
Procedure
請按照以下程序及步驟接聽電話： 一、外部來電 1.感謝客人來電。 2.報上酒店及自己的名字。 3.提供協助。 4.再次感謝客人的來電。 標準用語： Thank you for calling ******* Hotel, Front desk*** speaking, how may I assist you? 您好，這裏是*******飯店，我是***很高興為您服務。 盡可能稱呼客人的名字。如果不清楚客人的姓名，稱呼客人先生／女士。 二、內部電話 1.報上部門及自己的名字。 2.問候並盡可能稱呼來電者。 3.提供協助。 三、轉接來電 1.先詢問客人是否同意將其電話轉接至負責單位。 2.請客人於線上稍做等候。 3.撥號至負責單位，當對方接聽後，報上部門及自己的名字。 4.將線上等候的客人稱謂及需求確實告知。 5.回到原本客人線上，先行向客人道歉久候，並告知即將該電話轉至哪個單位。 6.感謝客人的等待。 每一通電話需等待或轉接時，皆需得到客人的同意。 若需在通話的過程中讓客人等待，請確實將電話轉等待。 若客人有需求，請務必重複確認交待事項並記得追蹤（即使是轉交給其他部門負責）。 為確保飯店的專業度，請留意用字遣詞及語調，並請避免使用過於新穎且不專業的用詞，如：OK、我了、收到、掰！ 掛上電話前，需確認客人已先掛斷電話。

接聽電話的禮貌及態度十分重要

SOP如何正確進入客房

Standard Operating Procedure	
SOP Title:	進入客房
Department(s):	Front Office
Position(s):	FO agent

Reference No:	FO-000000		
Effective date:		SOP approved by:	
SOP Author:			
Position:			

Standard
當必須要進入續住房或空房提供服務時，應以保護隱私且專業的方式進入客房。
Procedure
一、準備工作 1.先確認即將前往的房間狀況。 2.若是空房，可使用Master Key，續住房請製作單一次使用的房卡。 二、進房流程 1.按門鈴並輕聲敲門兩次，同時表明自己的部門「Front Office」，靜待五秒。 2.並持續三次，待第三次後可進入客房。 3.當同仁進入房間時，在玄關處靜待一會兒，並再次表明身分，才可慢慢進入房間，以免驚嚇到房客。 (1)如果客人在房內：請立即道歉，並告知來到客房的原因，並請示客人是否介意或可持續提供服務。 (2)如果客人在房內且未穿著衣物，或穿著令你不舒服的穿著，也請立即道歉，並不急不徐地退出房間。 4.如果客人掛「請勿打擾」，千萬不可敲房門，請櫃檯的同仁與房客聯絡，並在房門前等候。 5.即使房間的狀況是空房，亦請依照上述流程進入客房。

飯店知識專欄

時代進步，連同房間鑰匙也不停更新，從傳統鑰匙到電子感應式磁片房卡。

除了傳統式鑰匙外，感應式房卡的設計也儼然成為新一代的旅遊收藏品！

但也有不少的房卡在check out時被要求繳回，所以如果真的想要收藏，客人還是可以詢問一下是否可以保留房卡做紀念的。

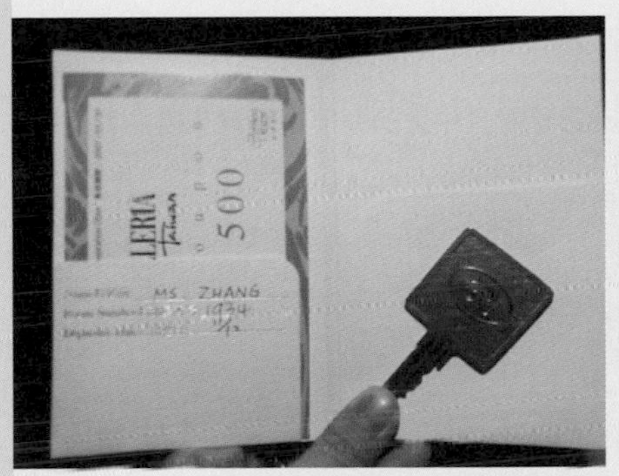

傳統式房間鑰匙

感應式房卡

插卡式房卡

SOP如何處理新增訂房

Standard Operating Procedure	
SOP Title:	新增訂房（Walk in）
Department(s):	Front Office
Position(s):	FO agent

Reference No:	FO-000000		
Effective date:		SOP approved by:	
SOP Author:			
Position:			

Standard
當客人臨時走進櫃檯告知需要訂房時，亦需拿出最專業且快速的態度，服務來店的客人，並在標準時間內完成入住手續。
Procedure
1.先詢問客人需要的房型、入住的期間等。 2.確認提供的相關資料、價位是否符合客人需求。 3.在電腦中的住宿系統內輸入一份新的訂房資料。 4.印出旅客登記卡（R card）。 5.向客人借用證件（護照或身分證）登記，將證件歸還。 6.向客人一一介紹旅客登記卡中的逐一條例，如住宿期間、價位、早餐營業時間及地點、館內設施及台灣的全面禁菸條例。 7.在電腦內做C/I動作，登記客人資料於R卡上，並確認客人的姓名拼法、國籍、出生年月日、護照號碼或身分證字號及戶籍地址。 8.向客人解釋要做預先授權，並告知此筆款項只是做預刷的動作，拿取信用卡或現金做預收帳款。 9.預作授權（pre-auth）的金額以客人房間費用總額取整數後，每日再多收兩千元私人消費。 (1)現金預先授權（pre-auth）：預收現金額計算同信用卡授權金額。另外需填寫預付單，註明房號、日期、客人姓名、預付款金額、接待員姓名後，請客人簽名。將客戶聯交給客人做為臨時收據，另外兩聯及現金入帳後，交由財務部處理。 (2)信用卡預先授權（pre-auth）：預收信用卡計算同現金授權金額。將EDC跑出的卡單，直接釘在R卡左前方，方便退房時的核對。 10.入住手續完成後，安排同事陪同客人進房，介紹館內及房內設備。若客人行李較多，在徵得客人同意後，可先帶領客人進房後，稍後再將行李送房。 11.將R卡上之資料，逐項輸入電腦，以備查詢，負責Check in之櫃檯人員需簽名以示負責。 12.將所有資料歸檔，以便夜班同仁稽核。

SOP發現客房門未關該如何處理?

Standard Operating Procedure	
SOP Title:	客房門未關
Department(s):	Front Office
Position(s):	FO agent

Reference No:	FO-000000		
Effective date:		SOP approved by:	
SOP Author:			
Position:			

Standard
為保障房客安全，所有在客房樓層走動的服務人員皆需提醒客房門應關上的安全規範。特別是深夜時段更加應該提醒將房門關上。
Procedure
在樓層上常會發現客人未將房門關上，而原因大致如下： 1.門檔擋住而未關上。 2.因報套而卡住使門未關上。 3.門輕靠上未扣上。 4.直接房門大開。 飯店服務人員發現後，應上前提醒房客並協助將門關上。 話術：您好，先生／小姐，因安全考量，提醒您門未關上。

因門檔擋住而使門未關緊

因報套擋住而使門未關緊

注意事項：若發現客房門未關上，敲門後仍未見人出現應門，服務人員只需輕聲將門關上即可離開，並於交接本上載明，切記勿進續住的客房內，避免其他誤會產生。

SOP如何處理房卡失效問題

Standard Operating Procedure	
SOP Title:	房卡失效問題
Department(s):	Front Office
Position(s):	FO agent

Reference No:	FO-000000		
Effective date:		SOP approved by:	
SOP Author:			
Position:			

Standard
當房客的房卡失效時，請立即協助處理，並向客人道歉造成的不便。 但請確實與客人核對身分及資料。
Procedure
一、於櫃檯 當客人走進櫃檯告知其房卡無法使用需要重製一張時： 1.先向客人道歉並請問房號。 2.調出該房間的住客資料，並與客人核對登記人名及身分證號或護照號碼。 二、於樓層 當客人在樓層告知其房卡無法使用需要重製一張時： 1.先向客人道歉。 2.陪同客人回到櫃檯，核對身分後，製作新卡。 ➢千萬不可找樓層房務或自行使用Master key開啟已入住客房。 ➢若真有必要立即開啟該客房，於開啟後陪同客人進入房內，請客人立即出示有效證件，以證明此房為他登記入住。 ➢再次向客人道歉，並立刻重新製作房卡送上。 三、房門前 當客人在房門前卻無法進入該客房： 1.先詢問客人是否需要協助。 2.確認操作是否正確。 3.陪同客人回到櫃檯，核對身分後，製作新卡。 ➢千萬不可找樓層房務或自行使用Master key開啟已入住客房。 ➢若真有必要立即開啟該客房，於開啟後陪同客人進入房內，請客人立即出示有效證件，以證明此房為他登記入住。 ➢再次向客人道歉，並立刻重新製作房卡送上。

Chapter 8

服務中心

第一節 服務中心的角色及功能

第二節 服務中心的設施和備品

第三節 學習夥伴及工作內容

附件 管家會使用到的服務中心部分SOP參考

第一節　服務中心的角色及功能

一、服務中心的工作職掌

服務中心（Concierge）的櫃檯，除了無法協助住宿旅客辦理入住或退房外，其他功能對於來往頻繁的住宿旅客或是用餐的客人來說大同小異，但似乎是多了較專業的旅遊資訊可以詢問。而在旅客辦完住宿手續後，大廳櫃檯同仁即會聯絡行李員下行李並協助送房；而泊車員和門衛則是為全飯店的客人服務，從車輛抵達的那一刻，泊車員或門衛便上前引導車輛停放，並協助打開車門，專業的微笑和問候成為飯店的第一印象，而擔任這個工作的同仁也著實令人敬佩，因為他們不分冷暖，皆需站在飯店門外，為飯店招呼經過或準備進來的客人。

服務中心的角色分為：

1.服務中心櫃檯（Concierge）。
2.行李員（Bellboy/Porter）。
3.門衛（Doorman）。
4.泊車員（Valet）。

二、每日工作大綱

服務中心人員的工作職掌概略：

1.代客泊車。
2.引導車輛停放並協助打開車門。
3.引導客人至櫃檯辦理住宿登記或前往預訂餐廳。
4.協助旅客行李的運送與保管。

5.引導客人至櫃檯辦理住宿登記，並在辦理好手續後引領客人進入客房，介紹房內設施與使用方式。
6.遞送每日的早晚報。
7.與飯店合作的車行（私人車行及排班計程車行）保持良好的互動。
8.負責協尋乘客遺失物（與所屬車行聯繫）。
9.與當地負責小型旅遊的旅行社保持聯繫，以便提供國外旅客半日到二日的台灣觀光行程。
10.與機場代表保持良好聯繫，以利櫃檯或管家接送旅客。
11.瞭解住房率、當日住入及預退之房間數、VIP姓名及身分、預進團體、當日各餐廳的宴會資料，及飯店內所舉辦之活動等。
12.確實瞭解飯店裏之各項設施、服務項目、房間型態及各餐廳營業時間。
13.旅客要退房時，協助搬運行李，並引導客人至櫃檯辦理退房手續。
14.為離開旅館之旅客搬運行李，並招呼計程車以供旅客搭車。
15.為館內住客提供留言、信件的服務，並送交給客人。
16.為館內住客提供寄信服務。
17.代訂、安排各種交通工具。
18.提供館內外資訊詢問的服務。
19.完成旅客交代的事項，如代訂鮮花、門票等。
20.提供行李寄存服務。
21.協助換房服務。
22.負責在大廳的任何資訊協助及方向引導。
23.房客住宿期間的所有事項協助，並與安全室及其他部門一同維護房客安全。

*以上只是部分工作概略參考。

第二節　服務中心的設施和備品

一、服務中心櫃檯

提供所有旅遊資訊、派車、館內外資訊的詢問，當然全館的報紙及行李的派送，也都是由服務中心櫃檯（Concierge）安排的。

二、大廳櫃檯

既然是客務部，櫃檯當然是每日作業的工作區域。客務部又可稱為大廳櫃檯（Front Desk）、前檯或大櫃。依飯店規模的不同，而有數量不同的電腦可連接飯店作業系統，協助房客辦理入住、退房等相關手續，當然資訊的詢問和外幣的兌換也是在這裏的。

三、其他設施與備品

1.計程車招呼區：當客人需要接送機或計程車時，都由服務中心櫃檯協助，因此與合作的車行（私人車行及排班計程車行）都相當的熟識，且有良好的互動。
2.大型車停放區：旅行團住客來台時的車輛引導停放並協助下行李。
3.無線網路區。
4.ATM（金融機構的自動櫃員機）。
5.筆記型電腦出借。
6.萬用充電器（適合各種手機）。
7.娃娃推車。
8.行李推車（俗稱：鳥籠車）。

萬用充電器（適合各種手機）

9.輪椅。

10.飯店雨傘提供。

11.台灣觀光手冊。

12.市區地圖。

13.飯店卡（以利飯店旅客因語言不通時使用，卡上會有飯店名稱、地址和電話，並寫著Pleasc take me to Hotel Name／請帶我去XX飯店）。

*以上會依不同的飯店型態而有所不同。

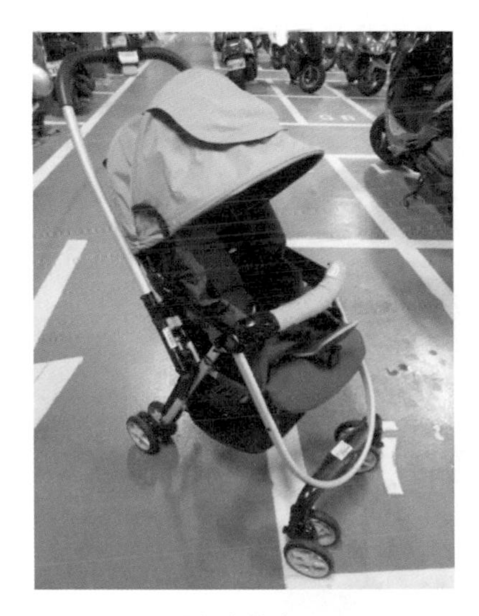

娃娃推車

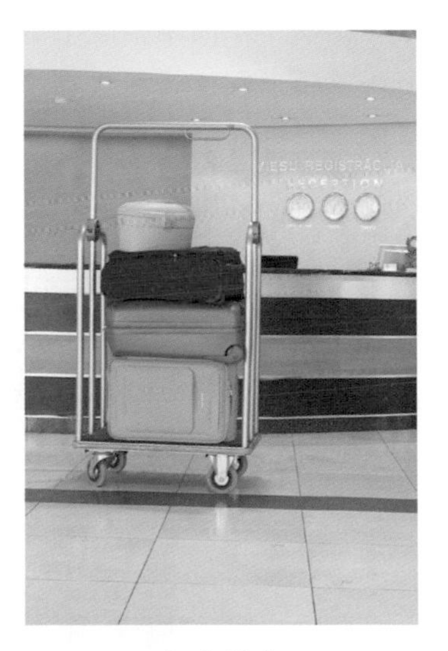

行李推車

第三節　學習夥伴及工作內容

服務中心與客務部同樣與管家的工作息息相關，因為服務的對象都是以房客為主，而管家要學習好服務中心的相關作業，進而在擔任私人管家時，可完完全全不需假借他人之手來服務貴賓，當然這裏只能提出幾點參考，管家要學習的事務則是不定時在更新、進步的。

服務中心的所有的基本作業都是管家必學的工作項目。

1.引導車輛停放並協助打開車門：管家常在飯店門口等待貴賓，在貴賓尚未抵達前，當然協助服務中心的同仁是必要的，而這看似簡單的動作卻也值得學習，如車輛停穩後，那一個時間點協助打開車門才是好的，如何幫準備下車的客人預擋車門框等。

2.行李送房：在住客於大廳櫃檯辦理好入住手續後，陪住客及其行李一同至其check in的房間，抵達房間後詢問住客是否需要房間或飯店環境介紹的服務。

客人辦妥住宿登記後，幫客人將行李送到房間

3.住宿後的行李送房登記：住客辦理好入住手續後，有時並不會當下入房，而服務中心的同仁會依大廳櫃檯所提供的房號或時間再將行李送房。同時若有寄存之物品或衣物需送房，也是透過服務中心。

4.換房事宜：常有客人在入房後，因某些因素而提出換房的需求，在收到大廳櫃檯的通知並拿到「換房單」後，進行換房的動作。

5.依照住客的需求，協助與當地旅行社聯繫安排半日或一日遊。

6.送報紙。

特別訂購或印刷的國外報紙

7.接受客人臨時需要車子的要求，如安排小型巴士、半日專屬司機和車輛等。

當客人有需要時，為其準備好車輛及司機

8.收送信件，傳遞訊息（Message）及包裹處理：有時旅客習慣在出國旅遊時，寄當地明信片回去；或信件和包裹的協助處理也是相當重要的學習。

為客人接收和寄送信件也是管家重要的工作

9.寄存物處理：在商務飯店大部分的客人都是來往相當頻繁且急促的，有許多客人會將部分行李或衣物交由飯店做短期寄存；而在提早抵達或必須晚退房的住客，在時間無法配合的情況下，通常會選擇將行李先寄放在服務中心，然後去飯店附近走走，時間差不多了才返回拿取行李。

10.寵物的保管：許多飯店和餐廳都有規定不能帶寵物進入，除了導盲犬外（導盲犬可進入營業場所是受到《身心障礙者保護法》保障的權益，店家不得拒絕）。但若真有客人帶寵物來到飯店，服務中心則可代為保管，因此服務中心也會有專門的籠子供寵物使用。

飯店知識專欄

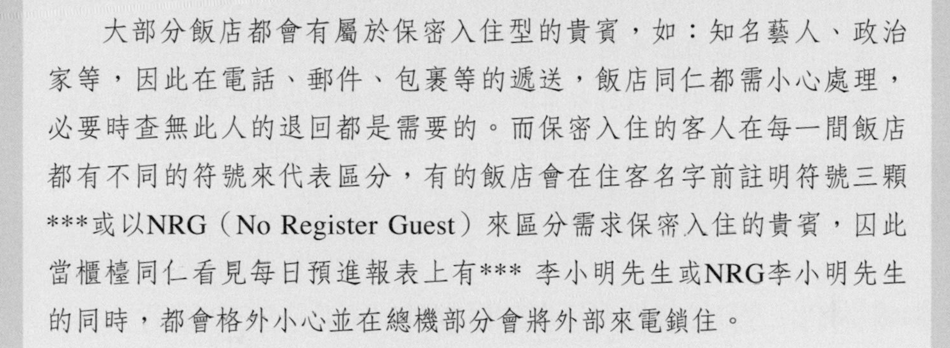

大部分飯店都會有屬於保密入住型的貴賓，如：知名藝人、政治家等，因此在電話、郵件、包裹等的遞送，飯店同仁都需小心處理，必要時查無此人的退回都是需要的。而保密入住的客人在每一間飯店都有不同的符號來代表區分，有的飯店會在住客名字前註明符號三顆***或以NRG（No Register Guest）來區分需求保密入住的貴賓，因此當櫃檯同仁看見每日預進報表上有*** 李小明先生或NRG李小明先生的同時，都會格外小心並在總機部分會將外部來電鎖住。

實例分享

在飯店門口協助打開車門，也不記得何時開始，服務人員都會用手去幫準備下車的客人預擋車門框，以避免客人急忙下車而去碰撞到頭。但這一個看似簡單的動作與開車門是一樣的，timing（時間的選擇）很重要，怎麼說呢？以開車門來說，車雖然停妥了，但還不要打開車門，尤其是坐計程車的客人，因為客人都要開錢包拿錢給司機，還要等找錢，這樣一來客人的包包和一舉一動都變得透明，只因先將車門打了開來；而擋車門框動作不可太大，不然會讓客人有侵略性的感覺。有一次親眼看到同事因與客人準備下車的timing不合，服務人員不幸敲到客人的頭，而那名客人正好戴著假髮。

個案思考

1.當你看到行李員已將行李送到房間，你也沒事交代但他卻遲遲未走，你覺得是什麼原因？

2.為什麼在飯店門口招計程車的客人，服務中心的同仁都會給客人一張小卡，上面寫著飯店名稱及車號？你認為這是做什麼的？

附件　管家會使用到的服務中心部分SOP參考

SOP如何引導車輛停放並協助打開車門

Standard Operating Procedure	
SOP Title:	引導車輛停放並協助打開車門
Department(s):	Concierge
Position(s):	Door man

Reference No:	CON-000000		
Effective date:		SOP approved by:	
SOP Author:			
Position:			

Standard
提供明確清楚的引導給駕車來到飯店的貴賓，並保持專業友善的第一印象給來到飯店的客人。
Procedure
1.車輛往飯店時，應不疾不徐地往引導方向就定位，以便協助客人。 2.當車靠近飯店門口時，請指引客車停在不影響後方來車的位置。 指引時的手勢及聲音務必明確且清楚，五指應併攏，手臂微彎。

3.當車停妥時，請留意客人就座的位置（副駕駛座或左、右後方乘客座位），切勿立刻打開車門，應等待客人準備好時再拉開車門，避免尷尬情況產生（如有些客人會在下車前再次整理儀容或找東西等）。
4.打開車門時，宜將手預擋住車門頂，以避免客人不小心撞到。
5.若下車的客人是熟客，請務必尊稱客人的姓氏，讓對方在第一時間感受到被重視的特別感。
6.當客人都下車後，需協助留意車上是否有遺留物。
7.住房的客人請引領至櫃檯辦理入住手續；用餐的客人請指引餐廳或電梯的方向。
需要叫車服務時：
1.當客人在門口時，上前詢問是否需要計程車，若需要時再詢問目的地。
2.與現場排車、控車的車行主管招車，或去電合作的車行詢車。
3.請客人稍等或回報需要多久時間等車。
4.當計程車靠近飯店門口時，請指引客車停在不影響後方來車的位置。
(1)指引時的手勢及聲音務必明確且清楚，五指應併攏、手臂微彎。
(2)告知司機客人的目的地位置（若客人為外國人則更加需要），並抄下車號。
5.告知客人所需車輛已到，引領上車並交給客人該車的車號牌紙條。
其他注意事項：
1.請引導來店的客人車輛依序停靠，勿占道或插車。
2.清楚瞭解每一輛停靠的車輛為暫停、需協助泊車或客人叫的計程車等。
3.盡可能記得熟客的車輛及貴賓名字，最好連司機的聯絡方式及名字都記得。

飯店知識專欄

1.每一間飯店都會有自己合作的車行，以提供大量的接送機或其他需要車輛的服務，而不會有任何一家飯店會要自己承包那麼大量的私人轎車需求，而其收入大多為飯店與車行對分或有一定的合作契約。而計程車亦同，與固定的車行合作除了能穩定提供車輛給客人之外，也比較好要求服務。於是，飯店門口不會有水準不一的計程車。當然，他們也不允許別的計程車進入載客。
2.當客人在飯店門口搭乘計程車時，飯店人員一定會交給客人一張該車的車號牌紙條，以便客人有遺留物在車上或有任何建議時，方便管理者追蹤。

SOP行李送房

Standard Operating Procedure	
SOP Title:	行李送房
Department(s):	Concierge
Position(s):	Door man

Reference No:	CON-000000		
Effective date:		SOP approved by:	
SOP Author:			
Position:			

Standard
讓入住的客人能夠輕鬆自在地進入客房，不需費心搬運行李。
Procedure
1.確認抵達的客人為何（團體客人因來店人數、行李件數較多，因此大多不提供送行李的服務；而商務客則有可能直接寄存行李或自行拿取）。 2.當客人都下車後，需協助留意車上是否有遺留物。 3.依房號遞送行李。 4.到達該樓層後，將行李車緊靠走廊邊緣，以不影響客人動線的停放為主。 5.依進入客房SOP按鈴或敲門，告知客人行李送到。 6.請客人確認行李及件數。 7.詢問客人需要擺放的位置（行李架上或廚櫃內）。 8.送行李的標準時間，需於客人辦理好入住手續後的十分鐘內。

固定行李架

活動行李架

SOP客房或飯店環境介紹

Standard Operating Procedure	
SOP Title:	客房或飯店環境介紹
Department(s):	Concierge
Position(s):	Door man

Reference No:	CON-000000		
Effective date:		SOP approved by:	
SOP Author:			
Position:			

Standard

讓入住的客人能夠清楚知道飯店提供的設備如何使用。
提供客人飯店附近餐廳、景點的選擇。

Procedure

當行李員送行李到客房時，除了將行李確認並依客人需求放置指定位置後，請提供客房或飯店環境介紹。

一、客房介紹

1.順時針或逆時針方向介紹設施及設備。
2.針對較新穎的設備多加介紹，如情境燈、空調冷氣面板等。

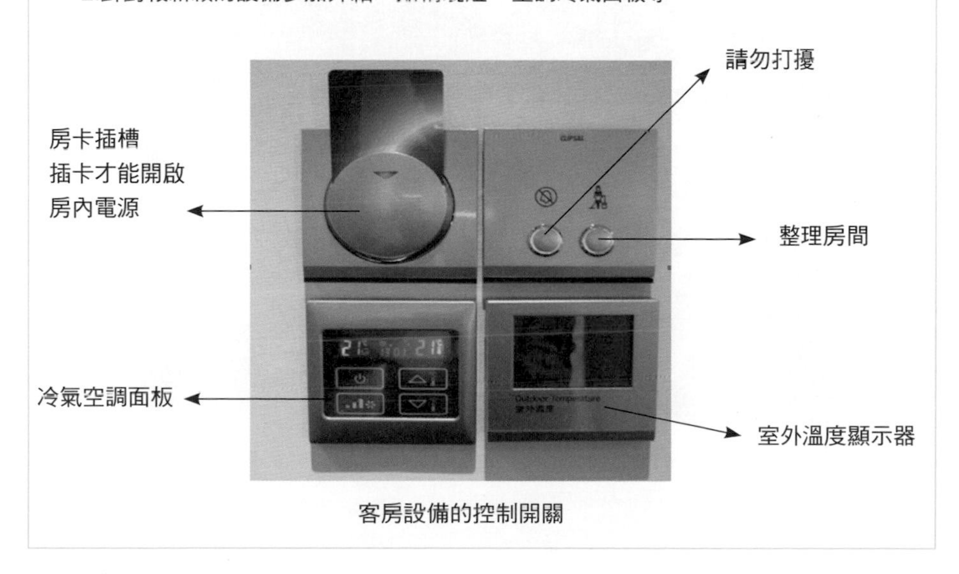

客房設備的控制開關

情境燈開關（可調整區域性燈光，且能調整明亮光度）

Mini Bar內的物品有些是附贈、有些是需要另外收費的

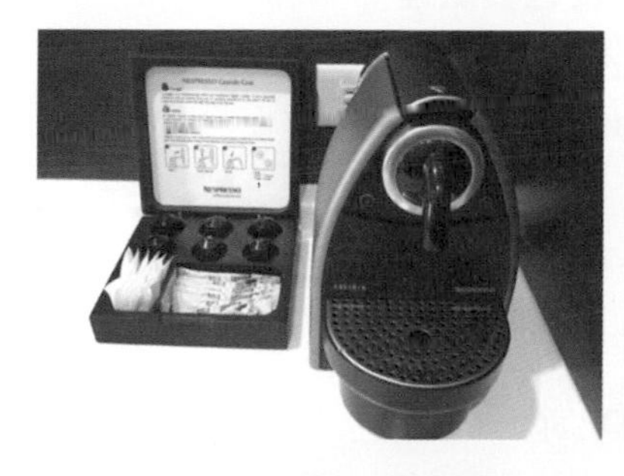
客房專用個人咖啡機

保險箱的使用（刷卡、密碼）

電話操作，若套房則要特別介紹管家按鈕（Butler Button）

3.避免跳躍式介紹設備。

4.遇到客人有興趣或提問的部分，記得多介紹一些。

5.最後一定要詢問客人是否有其他需要的服務，才能離開房間。

二、飯店環境

1.針對第一次入住的國人或外國人，一定要主動詢問是否有此需要。

2.從館內必要的設備介紹起，如早餐地點、健身房、貴賓廳、商務中心等。

3.附近店家，如百貨公司、景點、公園、交通（火車站／捷運系統等）。

4.台灣有名的景點推薦、當地活動或名產。

SOP收送信件、傳遞訊息（Message）及包裹處理

Standard Operating Procedure	
SOP Title:	收送信件、傳遞訊息（Message）及包裹處理
Department(s):	Concierge
Position(s):	Concierge Agent

Reference No:	CON-000000		
Effective date:		SOP approved by:	
SOP Author:			
Position:			

Standard

讓入住的客人能夠即時收到需要的信件，並協助遞送信件。
提供客人包裹的簽收及保管服務。

Procedure

一、收送信件及包裹

1.當有信件送到服務中心時，以住宿系統查詢是否有該名住客。若收件人非房客則退回，不簽收；若是目前住客，則需在物件交接本上載明，並立即送房。
二種情況請留意：
(1)若客人在系統內註明***或NRG也請退回。
(2)名人或明星，請收好並轉交給經紀人處理。

2.物件交接本

物件編號	件數	日期	簽收人	收件人	備註

3.填寫完物件交接本，亦需在該物件貼上物件編號單。

4.若物件超過一件以上，需以綁繩來確保物件不會被任意分開擺放。

信件遞送時，若房客未應門，可以塞在門下。包裹遞送時，若房客未應門，需拿回服務中心寄存，並填寫訊息給房客，以便房客在看到訊息時與我們聯絡，取回。

二、傳遞訊息（Message）

1.當外客來電交待事項，需將交待事項、人名、日期及時間以訊息方式傳達給房客。

2.館內有事項必須回報讓客人知悉時，如透過飯店人員代預訂的餐廳已預訂成功、該客人在飯店餐廳用餐未簽到名、有遺留物被撿到存放在服務中心等。

SOP寄存服務

Standard Operating Procedure	
SOP Title:	寄存服務
Department(s):	Concierge
Position(s):	Concierge Agent

Reference No:	CON-000000		
Effective date:		SOP approved by:	
SOP Author:			
Position:			

Standard

讓即將入住或已訂好會再回來的客人，能夠放心寄存行李或物件在服務中心。
提供良好的保管。

Procedure

一、退房寄存

1.當客人告知需要寄存服務時，需立即確認客人的下一段訂房。

2.在住宿系統內登記此次的寄存物件或行李的數量。

3.回衣寄存>放置房務部管衣室。
物件或行李>放置服務中心行李房內。

4.若寄存物件超過一件以上，需以綁繩來確保物件不會被任意分開擺放。

二、尚未入住的寄存

1.當有物件或行李寄來館內，並註明給服務中心或某客人時，需立即檢查電子郵件或部門交接本。
大部分房客若有行李會早到，多數會以電子郵件告知飯店一聲，而簽收人往往不一定會是客人本身，也有可能會請服務中心代簽收。

2.簽收後需立即在客人的訂房資料中登記簽收人、日期及數量。

3.若在住宿系統內，查詢不到該客人，請退回，不簽收。

三、遞送寄存物

1.於客人預進日，先行放置房內。

2.提醒櫃檯於客人辦理入住時，告知客人。

3.在客人入住後，將寄存資料刪除。

在「尚未入住的寄存」的服務中，請多加留意簽收物是否為可疑物，如果其外型、重量、氣味有異，請立即報告上級。

Chapter 9

餐飲部

第一節　餐飲部F&B（Food and Beverage）的角色及功能

一、餐飲部的工作職掌

餐飲部是飯店內非常重要的一大部門，所有的旅客除了住宿的需求，一天三餐都有可能在飯店解決，因此餐飲的服務及知識便成為管家必須熟悉的專業技能了。餐飲部的分工則更加細膩，自領檯帶位、各區域負責之服務人員、專門的點菜員、跑菜控菜，到廚房的大廚們。甚至有更多的國際飯店另設有飲務組的單位，專門負責全館酒類的管理，安排調酒員到所負責的餐廳吧檯值班，並替客人介紹酒的品種，幫客人選酒或現場調酒。

這個單位可能員工年齡層較其他部門低，使用學生及實習生的人數也相對較多，因此人員流動率當然也就較高了。

餐飲部的角色分為：

1.餐飲部辦公室（F&B office）。
2.餐飲訂席（Reservation for Restaurants）。
3.內場（廚師）（Chef）。
4.外場（各餐廳服務人員）（Restaurants）。
5.飲務組（Beverage）。
6.備餐組（Stewarding）。
7.宴會廳（Banquet）。

二、每日工作大綱

餐廳服務人員的工作職掌概略（餐飲現場值班幹部為管家最需學習

之對象）：

1.巡視現場並檢查所需備品，
2.與廚房確認今日預定餐點及需促銷之品項。
3.將今日訂位的客人依喜好及人數安排好座位。
4.依當日人力安排合適的負責區域。
5.會議中將來賓有特別喜好的註明再次告知並提醒區域人員，並特別將包廂訂位安排給較資深的同仁。
6.餐期中不定時與客人互動，瞭解顧客反應。
7.隨時留意各區出菜狀況。
8.餐期後，需核對帳款是否無誤。

*以上只是部分工作概略參考。

第二節　餐飲部的設施和備品

餐飲部（Food and Beverage）與客房部一樣，是由幾個小單位聚集成一個大單位的。餐飲部負責所有餐廳及廚房的相關事項彙整，而各餐廳外場則是將主力放在服務及營收的增加；而廚房就是將食物烹調得美味並隨時將食品衛生放在第一即可。現在，已有許多的客人踏入飯店不是為了住宿，而是為了飯店的餐廳慕名而來。

一、大廳酒吧

飯店大廳大多設有大廳酒吧（Lobby Lounge），可提供旅途疲累想暫時放鬆又不想立即回客房的住客（對國外旅客尤其重要），讓他們覺得有一個地方可以坐下來喝兩杯，放鬆一下心情，這是相當需要的。

二、自助餐廳

提供所有住房旅客早餐及其他時段自助餐的供應。因此自助餐廳（Buffet）的同仁同時需服務大量的外客及住宿在館內的房客，因此若自助餐的同仁亦能像客房部的人員一樣，記住這些房客的喜好，那麼客人就算到自助餐廳，仍會有服務人員幫你／妳準備喜歡的飲料、端菜、安排常坐的位置，獲得一些驚喜！

三、各式風味的主題餐廳

在台灣原以為飯店中主打台式料理的餐廳會很多，但在飯店內卻較常設有西式排餐、日式料理或廣東菜系的餐廳。而不同菜系的餐廳也會有不同的裝潢及服務，都是能將客人留在飯店內消費的行銷方式。

四、客房餐飲

服務對象以房客為主，菜單大多也與酒吧或餐飲的單點菜色相同。而這個單位的服務人員會比在餐廳服務的同仁，在外語能力的要求上會更嚴格些，特別是在國際型飯店，外國旅客相對較多的情況下。但筆者覺得擔任客房餐飲人員，除了外語能力以外，還要能自我控制和能獨立作業。怎麼說呢？在餐廳的服務人員都是一起忙碌，相互支援，但在客房餐飲（In Room Dining or Room Service），從取菜離開廚房的那一刻，接下來就是自己送餐、自己面對客人了。而自我控制能力，在客房內不比在餐廳，餐廳畢竟是公共場所，在房間內的話可能會有各種情況和客人的提問。

客房餐飲是管家常會遇到的服務項目，必須瞭解其服務流程及細節

五、飲務組

專門負責全館酒類，並管理、訓練專業的調酒員，安排人力到所負責的餐廳吧檯值班，協助飯店開立相關專業課程（如紅白酒、基酒的知識等）。

六、餐飲訂席

負責餐廳的介紹與推薦、客人訂位安排，或同集團不同飯店的訂位查詢等。

七、廚師

除各餐廳主廚及手下各級廚師外，大多另設有行政總主廚的位置來管理各廚房。

八、宴會廳

在餐飲部裏，宴會廳算是整體營業額的大宗來源，動輒百桌，雖然歸屬餐飲部，但大多為獨立作業，並與宴會業務合作甚密。

工作範圍包括：婚喪喜慶筵席的安排、會議住宿、全／半日會議的協助、發表會、慶功宴等。

九、餐飲部常用的設備器具

1.餐廳各區活動服務車。

2.餐廳酒車。

3.客房餐飲用推車。

4.客房餐飲推車專用保溫箱。

5.各尺寸圓桌面（含分離式底座）。

6.各尺寸、顏色之檯布。

7.活動椅套。

8.文定用高腳椅。

9.紅拖盤。

10.長型會議用桌（含摺疊式活動腳架）。

11.有線／無線麥克風。

12.擴音器。

13.喇叭。

14.投影機。

15.活動式螢幕。

16.活動式白板。

17.雷射筆。

註：以上單位會依不同的飯店型態有所不同，而備品種類過多，無法一一列明。

第三節　學習夥伴及工作內容

餐飲部學習範圍太廣泛，以最主要在服務貴賓時會用到的部分先行學習。

餐廳的服務技巧是必學的專業知識；而在餐廳中的訂位（座位安排），重要貴賓大多安排於包廂內，所以包廂的準備及注意事項則更加重要；當然身為一位稱職的管家，怎能不在貴賓選好美味佳餚時，安排一支合宜的酒來搭配呢？因此，這三塊是管家必須在擔任私人管家前需學會的基本技能。

一、餐廳現場服務人員

協助查詢訂位、結帳、介紹菜系口味、每一道菜的分量、如何上菜、分菜、促銷飲料及座位的安排等。

二、餐廳現場服務幹部

懂得將人力安排在合適的區域及臨時的調動，將有特別喜好註明的客人再次提醒區域人員，餐期中不定時與客人互動，瞭解顧客反應，熟悉如何幫客人搭配菜色和酒，隨時留意各區出菜狀況，餐點有問題時的更換及顧客抱怨處理。

三、包廂服務

確認今天已預訂之餐點，準備所需用到的餐具和杯器，確認數量，注意桌上菜單是否準備好、需不需要放置桌卡（每位客人的名字或職稱）、主人與賓客座位的安排，若有點酒是否需要先醒酒、冰鎮或溫熱等。

四、調酒員

至安排的餐廳吧檯值班、瞭解該餐廳的特色飲料、各式基酒和調味酒的認識、調酒的手法及知識、杯類的分辨與搭配，及最重要的與客人的互動和交談。

實例分享

菜系口味及每一道菜的分量，是在上場服務客人之前，就必須瞭解的基本功夫，雖然是最基本的事情卻也是最重要的。筆者之前曾處理過一位同仁被抱怨的事件：那天晚上全廳客滿，內外場都真的很忙，而不久就有了客人的抱怨，原來是剛報到不久的幹部見資深點餐同仁忙不過來，而自行上場幫客人點餐，後來因為上菜後的餐點數量不同，導致不夠分裝到每一位客人的小盤中，讓請客的客人覺得很沒面子，進而產生抱怨，雖然後來讓客人接受了我們的道歉，也對我們處理的方法很滿意，但真的不要忽略了基本的教導和學習，同時也學到了不論多忙，都不可讓還沒準備好的同仁上場服務，因為這樣不僅是對客人不好，更有可能會失去一位員工。

第四節　基本酒類知識

一、餐前酒

餐前酒一般以雪莉酒、血腥瑪莉、香檳或氣泡酒較為適合。點餐前酒時，記得要點清新又爽口並帶點酸味的，會較適合當餐前酒。而這樣的餐前酒可促進胃液分泌，不但更能開胃、也能幫助消化。

餐前不宜點用酒精濃度太高的酒類，酒精濃度約在十度左右較宜。

餐前酒不喝混酒，若要喝第二杯也請點一樣的酒，避免喝混酒。喝混酒容易促進酒醉而易失態。因此在國外的宴會中常有於正式用餐前的雞尾酒會，讓客人能夠在餐前用些餐前酒或香檳，除了可以開胃，更能讓賓客藉此多些互動，使其宴會氣氛更加熱絡。

管家要熟悉各種酒類的特性，各種食物適合搭配何種酒，在需要時能提供客人建議

二、餐後酒

雞尾酒較甜，建議在餐前飲用。

威士忌等烈酒則是較適合在餐後飲用。

但建議歸建議，服務現場仍以客人喜好為優先。

三、香檳

最高級的香檳通常僅取第一次壓榨的葡萄純汁（Cuvee）釀造。

香檳的氣泡，主要發生在裝瓶後的第二次發酵過程裏。在這個階段，釀酒者將糖和酵母添加入酒中，因此造成第二次發酵與二氧化碳的產生，這也就是氣泡的由來。一般而言，多以不甜或較不甜的香檳佐餐。其中，Chardonnay白葡萄比例較高的香檳，帶有濃郁的果香和蜂蜜香，適合搭配海鮮或魚類菜餚；含Pinot Noir紅葡萄比例較高的香檳，帶有莓果、乾果甚至淡淡燻香，可以搭配禽類、肉類菜餚；較甜的香檳如Demi Sec、Doux，則適宜搭配甜點。

香檳的甜度依序可分五個等級：Brut不甜、Extra Dry微甜、Sec略甜、Demi Sec半甜、Doux甜。

香檳最佳飲用溫度，非年份香檳約在7～10℃之間，年份香檳則約在10～12℃之間，只要在飲用前將香檳瓶放入置了冰塊的冰桶中，冰鎮約20分鐘左右，即可達適飲溫度。但當香檳不夠冰時，口感會變酸，因此若必要時，可於冰塊上灑些許的鹽巴，降低冰塊的融化速度。

細長型或鬱金香形狀的高腳香檳杯最能襯托出香檳的優雅，同時也較能包住香檳的氣泡與香氣。至於有一種經常用來堆疊香檳塔的廣口高腳杯，雖然開闊的杯口豪氣十足，卻容易使氣泡在短時間內消失殆盡，並不是十分合適用來飲用香檳，於是多用在大型宴會中的展示。

在為客人進行香檳酒服務時，千萬要留意以手托住酒瓶底部的服務方式，避免手的溫度影響到酒的品質及口感。

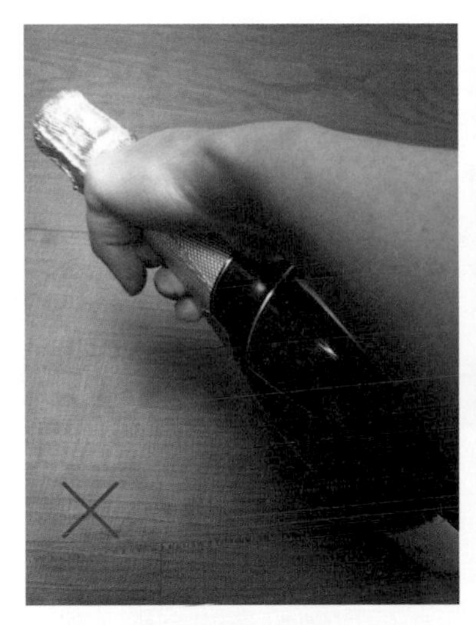

這樣傳統的倒酒方式，不失豪邁，但不宜將手放在靠近香檳瓶口

手握在酒瓶後方

手托住瓶底，以大拇指扣著底部凹槽處

手托住瓶底，握緊瓶身

四、葡萄酒

(一)紅酒

紅酒是將葡萄的皮和籽全部加進去一起發酵，產生紅寶石般的顏色，也因此紅酒多了葡萄皮的澀味。葡萄皮裏的丹寧（tannin）可增加紅酒不同的口感，也讓紅酒比白酒更耐久藏。

紅酒的最佳飲用溫度是15~18℃。

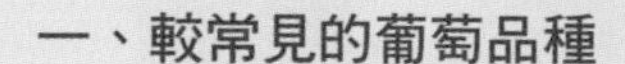

一、較常見的葡萄品種

(一)紅葡萄

1.蘇維翁（Cabernet Sauvignon）。

2.梅洛（Merlo）。

3.皮諾・諾瓦（Pinot Noir）。

4.席哈（Syrah/Shiraz）。

(二)白葡萄

1.夏多內（Chardonnay）。

2.白蘇維翁（Sauvignon Blanc/Fume Blanc）。

二、為什麼有紅肉配紅酒、白肉／海鮮配白酒的說法？

紅酒中的丹寧酸是強鹼性，可以中和肉類中的酸性，而其澀味亦可讓口中的油脂變得清爽。而白酒的丹寧酸成分較少，也沒有澀味，會使清淡的魚肉海鮮類更加甜美。

(二)白酒

白酒是將葡萄壓榨後，去除外皮和籽等，只留下果汁發酵釀造，因此白酒的顏色偏向琥珀色、淺黃、金黃和透明色。

白酒的最佳飲用溫度是7~10℃，而較甜的白酒則以較低的溫度收藏及品嚐。

當然，美食搭配好酒是自古至今的人生一大享受，這些只是基本知識及餐飲禮儀，其實貴賓喜歡怎麼搭配、怎麼喝都隨其所好，不需過於堅持。

而中餐的搭配則以菜系的口味濃淡為考量，如上海菜偏甜鹹，為重口味菜色，適合搭配紅酒；而廣東菜以海鮮為主，則可搭配白酒。同樣地，管家提供專業的建議，但決定仍以貴賓為主，別一味地堅持自己的專業，而忽略了貴賓的需求。

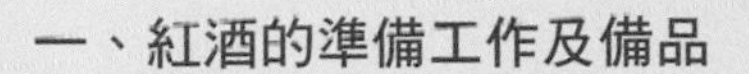

一、紅酒的準備工作及備品

1.確認客人點的紅酒酒名、年份、酒標是否完整。

2.開瓶器。

3.小碟（放置軟木塞用）。

4.服務巾。

5.醒酒器。

6.蠟燭。

二、紅酒的服務流程

(一)秀酒

以一隻手掌托住瓶身，另一隻手輕握酒頸，在選酒的客人面前以酒標朝向客人秀酒，請選酒的客人確認其酒莊、年份、葡萄品種等。確認後進行開瓶的服務。

(二)開酒

將紅酒靜置於酒架推車（Wine Trolley）上，先將酒頸上的錫箔紙以劃圈方式割開，將酒瓶微微傾斜，將螺旋刀插入軟木塞，軟木塞取出後放置小碟上給客人，請客人確認該酒的保存、色澤及氣味。一樣將酒微微傾斜，並以服務巾小心地擦拭瓶口（避免有軟木塞的細屑混入酒中，影響酒質）。

(三)醒酒

依年份、葡萄品種等會影響酒質的因素，將開完瓶的紅酒靜置一陣子，讓封瓶已久的紅酒與空氣互動氧化（此一紅酒的活動，稱為醒酒），其口感更加有層次感，也會因不同品種而產生柔順、圓潤、豐富的變化。

(四)試酒

請選酒的客人（非所有客人）試酒，倒出的酒量以一口的分量為主。待試完酒後，依序替賓客倒酒，最後才替選酒的客人加酒。

(五)過瓶

此一動作非每一支紅酒都需要，因此並非標準作業流程的其中一環，但卻是必須知道的紅酒知識。年份較老的紅酒，沉澱物可能較多，為不影響酒的視覺及口感，過瓶服務會依客人的需要而提供。

將選用的紅酒及醒酒器置於服務人員二側，以適當的速度過瓶。

在過瓶的期間，服務人員需留意酒中的雜質不可一併過到醒酒器中，因此有些高檔的紅酒專賣店或餐廳會在這時使用蠟燭。

三、品酒的四個簡單步驟

(一)看酒

使用透明無色的酒杯，可讓我們正確判斷酒的顏色。白葡萄酒年份越老，顏色會漸漸變深。而紅葡萄酒越老，顏色會漸漸變淺。

(二)搖酒

手持杯腳，這樣可以平衡地將倒入杯中的酒水，再以劃圓的方式輕輕搖晃，讓酒能充分地與空氣中的氧結合，這樣可以加快酒醒的速度，這個動作就像攪拌食物可以讓其香味散發出來的道理一樣。

(三)聞酒

靠近酒杯，深深地、慢慢地吸起酒所散發出的味道，此一動作可以大致嗅出酒本身散發的味覺感受。聞聞看該酒是否含有木頭味、花香的清淡、皮革的深沉、煙草的燻香等。

(四)品酒

最後是最令人滿足的步驟，在滿足了視覺和嗅覺後，慢慢地喝一口酒，不要急著吞下去，將它含在口中，同時輕輕地吸入一些空氣使酒和空氣在口中翻滾，便可感覺及品嚐它的細微差別，然後當已感受到所有的層次及口味後，才吞下去，接下來就可以體驗它留在口腔中的餘味。

實例分享

客人在一場招待貴賓七人的晚宴中，帶來了一支價值不斐的紅酒，並請負責人員先開了酒讓它醒一下。來賓陸續到達後，正好一名實習生進到包廂拿餐具，被主客召喚過去倒酒，實習生記得「紅酒倒出的酒量約紅酒杯的六至七分滿」的標準，於是一杯二杯地倒，倒到第三杯時，主要負責這間包廂的服務人員進來了。

在服務紅酒時，務必要注意客人的數量。一般而言，紅酒倒出的酒量約紅酒杯的六至七分滿，白酒亦同；而香檳則為五分左右，這是因為需要為香檳產生的細微泡沫預留空間。以紅酒為例，一支約可倒出四到五杯的量，若客人人數過多，可在點酒時進行建議，加開一瓶酒或減少每一杯的分量；若六到七位客人品一支酒，服務人員或侍酒師就要注意拿捏酒所倒出的量，不然倒到最後，每一位的量都不一樣，就很失禮了。

五、五大基酒

(一)琴酒

琴酒（Gin）的誕生在17世紀中葉。原為藥酒，由荷蘭萊頓（Leiden）大學席爾華斯（Franciscus Srlvius）教授為保護荷蘭人免於感染熱帶疾病所調製。他把杜松子浸泡在酒精中予以蒸餾後，作為解熱劑，有利尿解熱的效用，這就是杜松子酒的由來。琴酒的原料是玉米、大麥、裸麥等，再將這些原料以連續式蒸餾機製造出95度以上的穀物蒸

琴酒

餾酒，加進一些植物性成分（除了杜松子外，還使用胡薑、葛縷子、肉桂、當歸、桔子或檸檬皮，以及其他各種藥草、香草等）後調製而成。

較常見的調酒

琴湯尼

【材料名稱及分量】

2盎司的琴酒
8分滿的通寧水

【方法、適用杯及裝飾】

1.採用注入法。
2.使用可林杯及調酒棒。
3.在杯中將冰塊加到6分滿。
4.再加入琴酒及通寧水。
5.最後以檸檬片或檸檬角裝飾。

琴湯尼（Gin Tonic）

(二)蘭姆酒

蘭姆酒（Rum）是採用甘蔗汁或製糖過程中所剩下的殘渣作為原料，經發酵蒸餾而製成的。製造蘭姆酒的第一步是把割下的甘蔗送入機器內切碎榨汁。所以有過「只要有甘蔗生長的地方，就有蘭姆酒」的說法。眾所皆知，加勒比海是生產蘭姆酒最有名的地方。

蘭姆酒

蘭姆酒的分類：

1.白色蘭姆酒（White Rum）：White Rum也可以叫Light Rum，是在製造的過

程中讓糖分發酵，再持續地蒸餾後，再經一定的處理過程，即為White Rum。

2.金色蘭姆酒（Gold Rum）：Gold Rum即是Medium Rum（中間性蘭姆酒）在蒸餾過程中混合Light Rum所製成的酒。

3.深色蘭姆酒（Dark Rum）：Dark Rum的製造是用單式蒸餾，在蒸餾後存放於內側烤焦的木桶使酒成熟，又因酒色色澤較濃，所以也叫Heavy Rum。

4.Old Rum：需經3年以上的儲存，酒厚醇，味優雅，口味甘潤，其酒精濃度大多在40～43度左右。

5.Traditional Rum（傳統型蘭姆酒）：呈琥珀色，酒色透明，光澤美麗。具甘蔗香味，口味更加精細醇厚。

6.Great Aroma Rum（濃香蘭姆酒）：酒精度高達55度，是強烈的蘭姆酒。

淺色蘭姆酒至少須儲存一年，金色蘭姆酒則需要三年。

較常見的調酒

蘭姆可樂

蘭姆可樂（Rum coke）

【材料名稱及分量】

2盎司的蘭姆酒

8分滿的可樂

【方法、適用杯及裝飾】

1.採用注入法。

2.使用可林杯（或威士忌杯）及調酒棒（若威士忌杯則不用）。

3.在杯中將冰塊加到6分滿。

4.再加入蘭姆酒及可樂。

5.最後以檸檬片或檸檬角擠汁丟入杯中即可。

(三)龍舌蘭

龍舌蘭酒（Tequila）指以龍舌蘭草為原料蒸餾而成的酒，一般分為白色龍舌蘭、金色龍舌蘭等二種。

未經橡木桶儲存熟成，而使酒色呈無色透明者為白色龍舌蘭（White Tequlia），具有龍舌蘭酒原有的芳香。而利用橡木桶儲存熟成，而使酒色呈淡琥珀色者，稱為金色龍舌蘭（Gold Tequila），口感較圓潤。

龍舌蘭

較常見的調酒

Tequila Shot

【材料名稱及分量】

1.5盎司的龍舌蘭酒
新鮮檸檬角
少許鹽巴

【方法、適用杯及裝飾】

1.使用一口杯。
2.將龍舌蘭酒倒入一口杯中。
3.在手的虎口上抹上鹽巴、並以同手的手指拿著檸檬角。
4.以很快速的時間完成以下步驟：
先舔鹽、喝下龍舌蘭酒，立即咬檸檬角。

Tequila Shot

瑪格利特

【材料名稱及分量】

1.5盎司的白色龍舌蘭

1盎司的柑橘香甜酒

1.5盎司的檸檬汁

少許鹽巴

【方法、適用杯及裝飾】

1.使用雞尾酒杯或瑪格利特專用杯，在杯口抹上鹽巴，做成鹽口杯。

2.準備雪克杯，在雪克杯中加些許冰塊。

3.依序將酒及檸檬汁加入雪克杯中。

4.搖晃雪克杯，使其充分混合後，過濾到雞尾酒杯或是瑪格利特的專用杯中。

瑪格利特（Margarita）

(四)伏特加

伏特加酒（Vodka）分兩大類，一類是無色、無雜味的伏特加；另一類是加入各種香料的伏特加（Flavored Vodka）。伏特加的製作法是將麥芽放入棵麥、大麥、小麥、玉米等，放入穀物或馬鈴薯中，使其菌化後，再放入連續式蒸餾器中蒸餾，製作出酒度在75%以上的蒸餾酒，再讓蒸餾酒緩侵地通過白樺木炭層，蒸餾出來的成品是無色的，這種伏特加是所有酒類中最無雜味的。

伏特加

伏特加起源於12世紀前後的俄國，

「Vodka」據說是由俄語「生命之水」中的「水（Voda）發音而來的，生命之水是練金術士對蒸餾酒的稱呼」。伏特加主要的原料是穀物（大麥、小麥、裸麥、玉米）及甜菜、馬鈴薯，以連續蒸餾方式製成酒精度95%以上的烈酒，再加水稀釋至80%以下的酒精濃度。

較常見的調酒

螺絲起子

【材料名稱及分量】

2盎司的伏特加

8分滿的柳橙汁

【方法、適用杯及裝飾】

1.使用注入法。

2.使用可林杯及調酒棒。

3.將冰塊加到杯中6分滿。

4.先加入伏特加再加柳橙汁。

5.最後以柳橙片裝飾。

螺絲起子（Screwdriver）

鹹狗

【材料名稱及分量】

1.5盎司的伏特加　　8分滿的葡萄柚汁

冰塊適量　　　　　少許鹽巴

【方法、適用杯及裝飾】

1.使用注入法。

2.使用威士忌杯，在杯口抹上鹽巴，做成鹽口杯。

3.先加入冷塊，再加入伏特加及葡萄柚汁。

鹹狗（Salty Dog）

(五)威士忌

威士忌

威士忌是一種由大麥、黑麥、燕麥、小麥、玉米等穀物為原料，經過發酵、蒸餾後，放入橡木桶中陳釀多年後，調配而成的烈性蒸餾酒。

威士忌酒的分類方法很多，依照威士忌酒所使用的原料不同，威士忌酒可分為純麥威士忌酒、穀物威士忌酒以及黑麥威士忌等；但是最著名也最具代表性的威士卡分類方法，是依照生產地和國家的不同，將威士忌酒分為蘇格蘭威士忌、愛爾蘭威士忌、美國威士忌和加拿大威士忌、日本威士忌，其中以蘇格蘭威士忌酒最為著名。蘇格蘭與加拿大產的威士忌拼法為Whisky，而美國與愛爾蘭產的威士忌拼法為Whiskey。

威士忌的飲用方法有多種，最常見的是淨飲（不加水），或加冰、加水或蘇打水。

較常見的調酒

威士忌騷兒

【材料名稱及分量】

1.5盎司威士忌
0.5盎司檸檬汁
適量糖漿

【方法、適用杯及裝飾】

1.使用搖晃法。
2.使用酸酒杯。

威士忌騷兒（Whisky Sour）

3.在雪克杯中加些許冰塊。
4.依序將威士忌、檸檬汁及糖漿加入雪克杯中。
5.快速搖晃雪克杯至表面呈結霜狀。
6.將混合的酒液倒入酸酒杯，並以檸檬片及紅櫻桃裝飾。

威士忌蘇打

【材料名稱及分量】

1.5盎司威士忌
8分滿的蘇打水

【方法、適用杯及裝飾】

1.使用注入法。
2.使用可林杯及調酒棒。
3.在杯中將冰塊加到6分滿。
4.加入威士忌，然後再加蘇打水。
5.再將檸檬片或檸檬角擠汁丟入即可。

威士忌蘇打（Whisky Soda）

飯店知識專欄

酒的三種喝法

1.純喝（Straight）：也就是單純地喝一種酒的原味，品味其獨特的芬芳與氣味。
2.加冰塊喝（On the Rocks）：加入冰塊，稀釋後冰涼地喝，是西方人最常使用的飲酒方式。
3.調酒（Mix）：把多種酒類及其他配料調合在一起混著喝，這也就是所謂的「雞尾酒」（Cocktail）。

註：以上酒類資料來自網路資料分享。

第五節　特別介紹——客房餐飲篇

一、客房餐飲的工作職掌

客房餐飲是在飯店內唯一橫跨餐飲部及客房部的一個部門，但又不像餐廳如此第一線面對客人，就餐飲部來說，比較像是「幕後工作人員」。飯店有多少間客房，就等於客房餐飲最大的來客數有多少，因為每一間客房都有可能會點用。客房餐飲也不像餐廳有一定的營業時間，可以預估忙與不忙的尖峰用餐時段，或依來客數預訂來評估人力，對客房餐飲來說，住房率只能參考，班別又是三班提供二十四小時的服務，因此在飯店裏最難控制值班人數的，大概非這個部門不可了。

客房餐飲的角色分為：

1.訂餐員（Order Taker）。

2.客房餐飲跑樓層人員（Room Service Runner）。

二、每日工作大綱

客房餐飲與管家的互動是餐飲部中最多的一個單位，有的飯店會將客房餐飲和管家部門合併；有的則以樓層做區分，行政樓層客房餐飲由管家服務、其他則由客房餐飲負責。

客房餐飲的工作職掌概略如下：

(一)訂餐員

1.更新公布欄內容。

2.注意每日住房率、FIT及GIT的比重。

3.館內是否有VIP或飲食需要留意的房客。

4.檢查訂餐交接單，確認是否有尚未出餐或遺留的點單（**表9-1**）。

5.確認是否有早餐盒的需求及數量。

6.確認廚房今日是否有停售或需要促銷的產品。

7.瞭解當月House wine的內容。

8.保持愉悅的心情值班。

(二)客房餐飲跑樓層人員

1.瞭解每日住房率、FIT及GIT的比重、館內是否有VIP或飲食需要留意的房客。

2.廚房及餐車交接，確認是否有尚未出餐或遺留的點單。

3.確認各樓層還有多少車未下。

表9-1　客房訂餐交接單

Call Log		日期：	
房號　：	時間：	房號　：	時間：
房號　：	時間：	房號　：	時間：

*每一格框框代表一間客房來電，為避免遺落事項，即使非點餐的來電，訂餐員也會同樣登記在這張表單內。

4.不定時巡視樓層。

5.與廚房保持良好溝通。

6.檢查餐具數量及保養。

7.送餐。

註：以上只是部分工作概略參考。

三、客房餐飲的設施和備品

常用的客房餐飲設施包括：

1.專用餐車（Trolley）。

2.專用保溫箱（Warmer / Hot box）。

3.服務托盤（Tray）。

專用餐車

專用保溫箱

專用餐車邊桌展開圖

服務托盤的擺設圖

附件　管家會使用到的客房餐飲部分SOP參考

SOP如何接聽客人點餐

Standard Operating Procedure	
SOP Title:	接聽客人點餐
Department(s):	Room Service
Position(s):	Order Taker

Reference No:	RS-000000		
Effective date:		SOP approved by:	
SOP Author:			
Position:			

Standard
提供給房客一個專業且語調親切的點餐服務。
Procedure
1.電話於三聲內接起，使用客人的稱謂問候，同時寫下客人的房號在訂餐交接單上。 2.詢問客人的需求（有可能不是要點餐的電話）。 3.仔細聽取並寫下客人所點的餐飲及特別的要求。 4.進行飲料、甜點的促銷。 5.完成點單後，一定要重複與客人確認，所有內容及需求是否一致。 6.依據客人的訂餐內容多寡及目前接單情形，告知客人約需多少時間送達（一般的送餐標準時間為三十分）。 7.確認客人的房號。 8.謝謝客人的來電。 9.依房客點餐內容及數量輸入餐飲部點餐系統。 (1)開單>輸入房號。 (2)輸入用餐人數。 (3)依序輸入餐點內容。 (4)印出點單單據。 (5)向廚房確認餐點內容。 (6)與客房餐飲跑樓層的人員聯繫並協助設桌。

10.出單後，在訂餐交接單上，於該房號的格子內畫上斜線表示已完成。 其他應注意事項： 1.每一格只寫一個房號及餐點，寫完記得畫／表示已完成送單動作，以防漏單。 2.使用問候標準語：Good ______, Room service, name speaking, How may I assist you? 3.客人要求常見如下： 多一點：糖、番茄醬、醬汁等。 少一點：油、糖、鹽等。 要加：蛋、辣椒等。 不要：牛筋、大蒜、胡椒等。 請附帶Tabasco（一種辣醬）、起司粉、美乃滋、辣椒、醬油等。 4.應問或應告知客人注意事項：如墨西哥捲要問客人是否加jalapeno（墨西哥辣椒）、沙拉要附什麼醬汁、牛排要問幾分熟等。 5.如不是點餐，而是其他服務事項，需幫客人接通相關單位，不可讓客人自己再撥一次。 6.如在餐廳營業時間要跨廳點菜，需告知客人可能需要較長的等候時間。

SOP如何準備餐點

Standard Operating Procedure	
SOP Title:	準備餐點
Department(s):	Room Service
Position(s):	Room Service staff

Reference No:	RS-000000		
Effective date:		SOP approved by:	
SOP Author:			
Position:			

Standard
提供給房客一個正確且快速的點餐服務。
Procedure

1.接獲通知有點餐，立即返回部門。 2.確認餐點內容及是否已向師傅喊單。 3.確認餐點內容需要架設餐車（Trolley）或服務托盤（Tray）。 4.確認點餐員是否已協助架設Trolley或Tray，並幫忙擺放（開啟保溫箱、擺放所需餐具器皿等）。 5.確認是否有餐點需要覆蓋或使用菜蓋的。 6.確認餐點已到齊，將在廚房上的小單插單。 7.出發送餐，遇到門檻處請微微將餐車抬起（若餐點使用餐車）。 8.到點餐樓層時，需再次確認點單單據的樓層。 9.到點餐客房前，需再次確認點單單據上的房號及客人名。 其他應注意事項： 1.早餐卡，請在房客預訂的時間「準時」送達，不宜提早或遲到。 2.若遇房客掛出DND（請勿打擾），請勿敲門，應打回辦公室，請點餐員致電房客，並在門外稍待。 3.送餐時，若見報紙仍掛在門外，請於送餐時一併送入。

SOP遞送餐點給房客

Standard Operating Procedure	
SOP Title:	遞送餐點
Department(s):	Room Service
Position(s):	Room Service staff

Reference No:	RS-000000		
Effective date:		SOP approved by:	
SOP Author:			
Position:			

Standard
提供給房客一個專業、保護隱私又貼心的點餐服務。
Procedure

一、出發前 1.再次確認餐點內容及數量是否正確（咖啡是否跟著糖盅、飲料的吸管有沒有附上等）。 2.帳單是否無誤（客人房號、名字及先生或小姐的稱謂）。 3.個人備品是否備好（飯店筆要備好、所點飲料是否需要帶開瓶器等）。
二、送餐流程 1.記得進電梯前，人要在餐車前方。 2.進入電梯時，要將餐車微微抬起避開縫隙。 3.到達客房時，將餐車停於客房旁，並確認房號及餐點。 4.撕去任何覆蓋用的保鮮膜類用品。 5.依進入客房SOP按客房門鈴。 6.向房客問好，並詢問是否可以進入客房。 7.替房客將門擋住，請客人裏面請。 8.將餐車往房內推送，過門檻後要將門檔檔住，並輕聲關上門。 9.將餐車推向客房內，同時詢問房客想在哪裏用餐。 10.將餐車置於固定點後，依序將餐點從保溫箱拿出，放置桌面上，並介紹菜色內容及所搭配的醬料。 11.若有點用飲料，請詢問房客是否現在享用，並協助將飲料打開並倒出。 12.將帳單以雙手呈現給房客核對並簽名，同時告知客人若需收餐，請以電話通知或放於客房前即可。 13.祝客人有愉快的一天，然後即可離開房間。

Chapter 10

房務部

第一節　房務部（Housekeeping）的角色及功能

第二節　房務部設施和備品

第三節　學習夥伴及工作內容

附件　管家會使用到的房務部部分SOP參考

第一節　房務部（Housekeeping）的角色及功能

一、房務部的工作職掌

房務部是飯店內非常重要的「幕後工作人員」，不像其他部門可以有光鮮亮麗的外表呈現，工作總是不停地被人催促、趕房，也許最少被人提起，卻是不可或缺的團隊成員。而這個單位的同仁可能年齡層也較其他部門高，相對地人員穩定性也較高。

房務部的角色分為：

1.房務樓層人員（Room maid/Room attendant/Housekeeper）。
2.房務控制中心（又稱房控員）（Housekeeping Clerk）。
3.洗衣房／管衣室（Laundry）。
4.公共清潔組（Public Cleaner）。
5.迷你吧及房間水果的負責同仁（Mini Bar Attendant）。

二、每日工作大綱

房務樓層人員的工作職掌概略（房務樓層幹部為管家最需學習之對象）：

1.將預進及預退的客人分樓層寫好。
2.會議中將有特別喜好的註明再次告知並提醒樓層人員。
3.領取樓層鑰匙
4.領取房內水果。
5.確認今日是否需另外領取新的房內雜誌、In house letter或其他需更新的文件資訊，包括總經理的歡迎信。

6.檢查自己的房務工作車，確認所有備品齊全。

7.檢查已退房中是否有住客的遺留物。

8.每個樓層人員會先將已退房的先行打掃，並將打掃好的房間從dirty轉換成clean的狀態，等待樓層領班前來做最後檢查並放房。

9.檢查迷你吧並開立帳單。

10.檢查房內是否有需報修之處。

11.負責清潔自己所負責的公共區域。

12.續住房的水果新鮮度檢查及補充。

13.留意住客的喜好並寫下來交給房務控制中心處理後續。

14.將今日的房客遺留物統一登記，並交由辦公室保存。

表10-1　樓層工作表（Floor Log Book）

六樓	負責人員：
01（套房）	D/I三人入住／要加床／多備品
02	D/I
03	D/O
04	-----
05	D/O後檔房做保養
06（套房）	INH
07	VIP要小心／情緒化
08	INH
09	INH客人急性子，若按打掃燈要趕快做房
10（套房）	INH等客人叫再整理房間
11	INH不要動客人的東西，擦拭乾淨就好／床不用做
12	D/O
13	D/O
14	-----
15（套房）	Show Room

註：以上只是部分工作概略參考。

15.收、送衣服務。

16.提供夜床服務。

17.垃圾分類並將其丟棄。

房務人員會在早上到班後，先參加房務會議，負責哪一樓的房務人員會拿到一份已填寫好的分配表，而上面都會註明好所有細項或需注意事項，其他臨時的異動則會由樓層領班或房控員來告知。

飯店知識專欄

房務部針對的就是三大類型的房客，如：預進（Due in）、續住客（In house guest）及預退（Due out），因此在應對這三大類型的方式，就是將房間也用狀態來控制，如：尚未打掃的房間狀態為dirty；已打掃好，但幹部尚未檢查為clean；而已準備好，隨時可以販售的房間狀態則為IP（inspected）。

而在房務人員整理好房間後，都需要由幹部級以上的房務人員來做最後的檢查，確認一切都沒有問題才可以放出房間。

第二節　房務部設施和備品

房務部掌管全館客房的整理，負責所有客房內傢俱、裝飾，房間的狀態，房務人員的訓練，及公共區域的清潔度。

一、房務控制中心（又稱房控員）

負責與其他部門的聯繫，以及所有樓層房務員的事項追蹤，例如：哪一間客人提早抵達需趕房；哪一間住客要多一些洗髮乳等等。而Mini Bar負責同仁在收集完各樓層的客人使用單據後，也是交由房控員來鍵入住宿系統中的。

房務控制中心人員工作概況

二、洗衣房／管衣室

洗衣房當然是負責房客及飯店內所有同仁衣服（制服）的清洗，除了單純的送洗、協助檢查衣物是否有需要縫補或受損的地方，也是很重要的。當然，一般送洗外，快速洗衣及燙衣的要求也是每日的工作之一。

三、迷你吧及房間水果

大多飯店的客房迷你吧都歸房務部負責，因此房務部也都備有一間小小的倉庫，專門存放當天進貨的水果和迷你吧的所有品項，依今日各樓層的預進、續住數量，搭配當地新鮮水果，交給樓層房務員，而Mini Bar則是在樓層房務員打掃時，將客人有使用的品項寫在單據上，交給Mini Bar同仁，以便隨時由樓層的房務員補充。

為客人準備好新鮮的水果

四、房務部常用設施和備品

房務部會使用到的設施和備品非常多，會依不同的飯店型態而有所不同，常用的有下列各項：

1.房務工作車。

2.活動式防水帆布布巾車。

3.房內用品的備品（大小枕、床單、棉被、大小毛巾等）。

4.熨斗、燙板、活動行李架。

5.不鏽鋼摺疊雙面防水帆布布巾車。

6.客房內所需當季水果。

7.迷你吧的所有品項（大多為軟性飲料、茶、果汁、小瓶洋酒及少許零食等）。

8.摺疊式單人床（加床）。

9.娃娃床（嬰兒床）。

10.快煮壺。

11.咖啡機。

12.嬰兒專用沐浴用品。

13.直立式活動蒸氣燙衣機。

14.DVD撥放器。

15.全身穿衣鏡。

16.活動式立燈。

17.活動式鞋櫃。

18.活動式掛衣架（不鏽鋼衣物推車）。

19.音樂撥放器。

20.毛毯。

21.娃娃推車（嬰幼兒手推車）。

22.各式型態的枕頭（乳膠枕、羽毛枕、化纖枕、記憶枕等）。

23.空氣清靜機。

24.臭氧機。

25.加濕器。

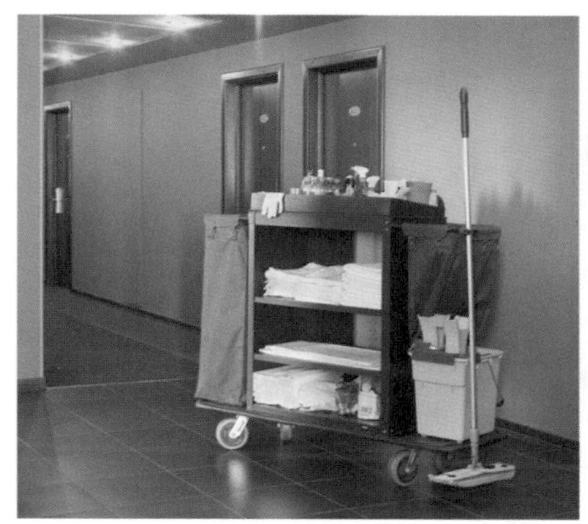

房務工作車

活動式防水帆布布巾車

房內用品的備品

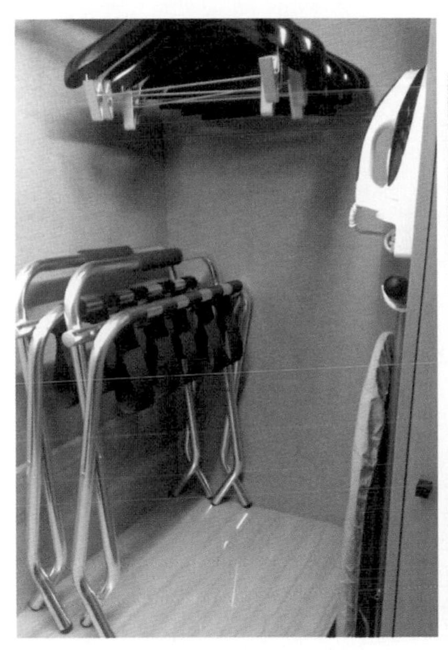

熨斗、燙衣板、衣架及活動行李架

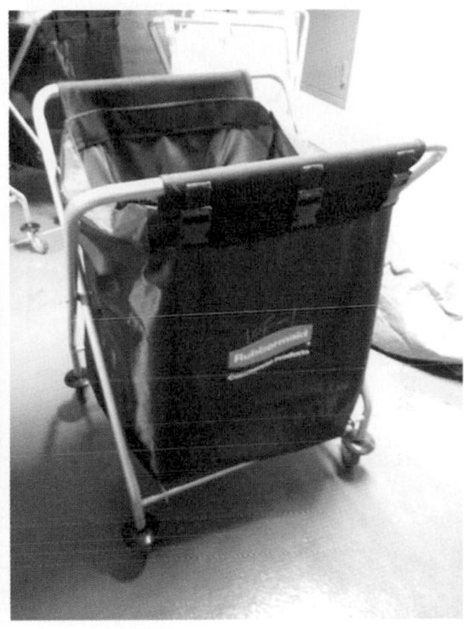

不鏽鋼摺疊雙面防水帆布布巾車

摺疊式單人床（加床）

娃娃床（嬰兒床）

咖啡機

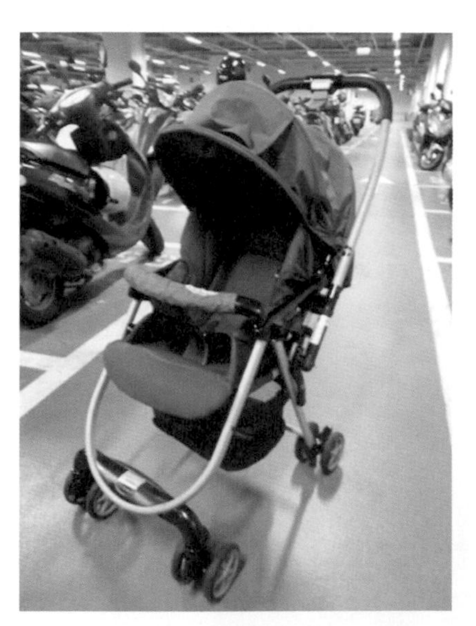

嬰幼兒手推車

加濕器

第三節　學習夥伴及工作內容

管家服務的對象以房客為主，所以管家要學習好房務部的相關作業，進而在擔任私人管家時，可完完全全、從頭到尾不需假借他人之手來服務貴賓，當然這裏只能提出幾點參考，管家要學習的事務則是不定時在更新、進步的。

房務部的所有的基本作業都是管家必學的工作項目。

一、客房打掃

客房打掃是最基本卻也是花費體力的一項工作，從拆枕頭套到床單、所有傢俱的擦拭、器皿的洗滌、迷你吧使用的開單、水果新鮮度的檢查，到垃圾的收集等，雖然是有步驟地進行，但也算是需要經驗的累積。

房間的清潔最重要的是一些小地方，特別是有些房客很喜歡「藏」東西，因此床底下、上下床墊間都需要留意。

飯店知識專欄

有部分國際型飯店會為房務推出房務部專業訓練，稱為房務ABC，簡單來說就是將整理房間的步驟依英文的ABC來代替每一個步驟的開端，如A=Away移除（將客房內需要先移除的，如垃圾、空瓶、枕頭套、床單等）。B=Bed床（鋪床單、套枕頭套、併床或拆床等）。C=Clean清潔（房內器皿、客房內汙漬、地毯、浴室等）。

二、跑住客需求（跑case）

住客要求多一些水、冰塊、杯子、被子、打開連通門、臨時要求加床或反映房內不清潔等處理。

三、迷你吧

瞭解迷你吧提供的品項，如何檢查過期日，有效控制庫存量，規劃上架方式，每日將客人有使用的品項開單入帳及補充。

檢查房客有無消費，看似簡單，感覺上只要看有無空瓶就好，但道高一尺、魔高一丈，有些客人就喜歡賭賭看，看看房務部的同仁是否有細心，怎麼說呢？Mini Bar內總是會有一些品項被吃完了，包裝卻完整地被放回原本擺放的位置，而部分洋酒也因顏色不易被發現，而在喝完後填入其他補充物後被放了回去，成了消耗品。

迷你吧中的小瓶洋酒及小冰箱中的飲料

實例分享

飯店的Mini Bar放置小瓶洋酒是很普遍的一種服務，而這也是讓房務部同仁很困擾的一項檢查工作，因為物件小，不易發現是否已被使用。如小瓶裝的伏特加常有客人喝完了，加水進去以混淆視覺的檢查，雖然本來就應該一瓶一瓶拿起來檢查的。而小瓶裝威士忌就更誇張了，客人還真有心，用茶加水沖淡茶色，偽裝屬於威士忌的顏色。

四、夜床服務

夜床服務（Turndown service）大多提供給入住好一點房型的客人，例如：有一定等級的貴賓或行政樓層、高房價的住客。飯店內一天只提供一次的房間整理，而會有這樣不同的服務提供，則是很明顯地讓不同房價的客人有不一樣的感覺。

夜床服務就是在傍晚時，前去協助住客將房間的窗簾拉上，遙控器和早餐卡移至明顯處（或床上摺角處），冰塊加滿，將備在房內的飯店拖鞋取出，並將房內有使用過的物品重新整理過。當然每一間飯店提供的夜床服務不盡相同，但夜床服務大多設定在十分鐘內完成。

夜床服務

附件 管家會使用到的房務部部分SOP參考

SOP 客房清潔

Standard Operating Procedure	
SOP Title:	客房清潔
Department(s):	Housekeeping
Position(s):	Housekeeper

Reference No:	HK-000000		
Effective date:		SOP approved by:	
SOP Author:			
Position:			

Standard
提供給房客一個優質且舒適的入住環境。
Procedure
一、準備工作 1.先過濾一次今日所需負責的樓層。 2.準備房務工作車並檢視所有備品。 3.領取今日配給水果數量。 4.請房控員協助確認哪些已經退房可做，再依先後順序清潔房間。 二、進房流程 1.按門鈴並輕聲敲門二次，同時表明自己的部門「Front Office」，靜待五秒，並持續三次，待第三次後才可進入客房。 2.當同仁進入房間時，在玄關處靜待一會兒，並再次表明身分，才可慢慢進入房間，以免驚嚇到房客。 (1)如果客人在房內：請立即道歉，並不急不徐地退出房間。 (2)如果客人在房內且未著衣物，或著令你不舒服的穿著，也請立即道歉，並不急不徐地退出房間。 ＊即使客人表示沒關係，要你留下做房間，也必須視情況留下整理房或離開。 3.如果客人掛「請勿打擾」，千萬不可敲房門，請櫃檯的同仁與房客聯絡，並在房門前等候。 4.即使房間的狀況是空房，亦請依照上述流程進入客房。

三、退房清潔流程

清潔人員要進入客房清掃並更換用品時，一定不能忽略敲門的動作

1.依正確標準先按電鈴並敲3次門後，報上名稱Housekeeping。重複三次後，方可進入客房。

2.將房務工作車擋於房門前，並盡可能緊靠房門。

3.將清潔中的工作牌掛於客房門把上，並將門帶上。

4.檢查Mini Bar是否有使用過。

(1)Yes：立即通知房控員，告知所使用之品項（此時房控員會與櫃檯同仁聯繫，若客人仍在辦理退房手續，則可告知客人此筆收費；若客人已退房離開，則需開立跑帳單，註明客人名字、住宿期間、應付未付金額及品項數量給櫃檯追帳）。後仍須補單給Mini Bar與水果負責人員，方便作業。

(2)No：清潔並檢查每樣商品之有效期限。

5.檢查Mini Bar所有品項的有效期限。

6.巡視有無客人遺留物。

7.先將房內應移出的物品移除（如使用過的房內器皿、垃圾、空瓶、枕頭套、床單等）。同時帶入需補上之備品（如In house letter、雜誌、客房內飯店專門信封信紙、筆等）。

8.確認該房間的床是否需要併床或拆床、將床單鋪整拉好、套上枕頭套等。

9.房間先清潔好後，開始整理浴室。整理完後，將所需備品補上（如沐浴用品、大中小毛巾、盥洗用品等）。

10.重新巡視過一遍所有容易藏汙納垢的角落。

11.檢查有無耗損之電器或待換之物件。

12.擺放上今日配給的水果（會因VIP等級而不同）。

13.通知房控員房間已整理好，並確認下一間的房號。

＊有DND的房號需回報給房控員。

註：通常做房間都以退房且待進的房間先做，而續住房都會排在比較後面的順序，因此若有一按打掃燈就要做房的急性子客人，則就要在樓層工作表（Floor Log Book）上特別註明。

SOP 續住客房清潔

Standard Operating Procedure	
SOP Title:	續住客房清潔
Department(s):	Housekeeping
Position(s):	Housekeeper

Reference No:	HK-000000		
Effective date:		SOP approved by:	
SOP Author:			
Position:			

Standard
提供給房客一個優質且舒適的入住環境，且維護房客居住時的感覺。
Procedure

一、準備工作

1先過濾一次今日所需負責的樓層。

2.準備房務工作車並檢視所有備品。

3.領取今日配給水果數量。

4.依先後順序清潔續住房間。

二、續住房清潔流程

1.依正確標準先按電鈴並敲3次門後，報上名稱Housekeeping。重複三次後，方可進入客房。

2.當同仁進入房間時，在玄關處靜待一會兒，並再次表明身分，才可慢慢進入房間，以免驚嚇到房客。

3.將房務工作車檔於房門前，並盡可能緊靠房門。

4.將清潔中的工作牌掛於客房門把上，並將門帶上。

5.檢查Mini Bar是否有使用過。

(1)Yes：立即通知房控員，告知所使用之品項。後仍須補單給Mini Bar與水果負責人員，方便作業。

(2)No：清潔並檢查每樣商品之有效期限。

6.檢查Mini Bar所有品項的有效期限。

7.先將房內應移出的物品移除（如使用過的房內器皿、垃圾、空瓶、枕頭套、床單等）。同時帶入需補上之備品（如In house letter、雜誌、客房內飯店專門信封信紙、筆等）。

8.將床單鋪整拉好、套上枕頭套等，並依客人原本的擺放方式準備（如客人只睡一顆枕、睡右側、會將一條毛巾鋪在枕頭上等）。

9.房間先清潔好後，開始整理浴室。整理完後，將所需備品補上（如沐浴用品、大中小毛巾、盥洗用品等）。 ＊沐浴用品：只要客人有使用過，都要補上一份新的備品在後方。 10.重新巡視過一遍所有容易藏汙納垢的角落。 11.檢查有無耗損之電器或待換之物件。 12.更換房內水果，以保持其新鮮度。 13.通知房控員房間已整理好，並確認下一間的房號。 ＊有DND的房號需回報給房控員。

SOP Mini Bar與水果作業

Standard Operating Procedure	
SOP Title:	Mini Bar與水果作業
Department(s):	Housekeeping
Position(s):	Housekeeper

Reference No:	HK-000000		
Effective date:		SOP approved by:	
SOP Author:			
Position:			

Standard
提供給房客一個完整且多選擇性的Mini Bar。 提供給房客一個優質、舒適的入住環境，且迎賓水果能讓房客更加瞭解當地美味。
Procedure
一、迎賓水果的工作 1.先檢查今日到貨之水果品質和數量。 2.清洗水果並撕去標籤。 3.依各樓層所需水果種類及數量派給。 4.巡視各樓層是否有隔夜收出的水果，統一收集後，送往負責單位。 ＊期間仍會有許多新增房或換房的可能，統一聽由房控員的需求及調度。 二、Mini Bar的工作 1.盤點：先檢查Mini Bar倉庫的數量是否與前一晚相符。 2.在一定的時間內至各樓層收取房務人員開出的Mini Bar單據。 3.回到Mini Bar倉庫依，Mini Bar單據或待更換之品項，備齊於Mini Bar工作車上。

4.依各樓層所需品項及數量派給房務人員，於打掃客房時一併補入。必要時，Mini Bar同仁亦需自行進入客房作業。
5.不定時巡視各樓層是否有臨時丟出的Mini Bar單據。
＊期間仍會有許多新增房或換房的可能，統一聽由房控員的需求及調度。
三、其他Mini Bar相關工作
1.若遇特別之團體入住的Mini Bar清空或部分撤出的協助。
2.所有Mini Bar品項的有效期限控管。
3.Mini Bar中接近有效期限品項的必要轉出或退倉。

SOP 夜床服務

Standard Operating Procedure	
SOP Title:	夜床服務 Turndown Service
Department(s):	Housekeeping
Position(s):	Housekeeper

Reference No:	HK-000000		
Effective date:		SOP approved by:	
SOP Author:			
Position:			

Standard
提供給房客一個更加優質且不同於一般樓層的入住體驗，提供多項更貼心、更完善的服務給貴賓樓層的客人。
Procedure
一、準備工作 1.先過濾一次今日所需要做Turndown Service的房間及樓層。 2.準備夜床工作車並檢視所有備品。 3.準備一定的水果數量。 4.準備一定的免付費Mini Bar品項，以備房客有使用時可立即補充。 5.裝滿冰塊，放置夜床工作車上。 二、夜床服務流程 1.依正確標準先按電鈴並敲3次門後，此時不報Housekeeping，而直接報上Turndown Service。重複三次後，方可進入客房。 2.將夜床工作車檔於房門前，並盡可能緊靠房門。

3.將服務中的工作牌掛於客房門把上，並將門帶上。
4.移除房內垃圾。
5.若有使用過Mini Bar飲料立即補充。
Yes：通知房控員，告知所使用之品項並入帳。後補單給Mini Bar做登記。
6.水果若有使用即補充。
7.將窗簾全部拉上。
8.將遙控器和早餐卡移至明顯處。
9.將房內之飯店拖鞋拆封，與足巾一併擺放至床的兩側（若單人入住，則以客人習慣睡的那一側擺放為主）。
10.將房內冰桶補滿冰塊後，移至明顯處，方便客人使用。
11.在床上或床頭櫃上擺放夜床小點。
12.整理好後前往並下一間。

註：夜床服務大多由房務部或管家來執行，自下午約16：00開始作業，最晚不超過晚間21：00，以避免打擾到客人休息，除非是房客有交待。

實例分享

夜床服務（Turndown service）大多於傍晚開始，有許多住客都會在check in不久後外出吃飯或去附近走走，此一服務就是讓客人再回來時感覺到與剛check in一樣乾淨、整齊。而多數的開夜床也會將客房餐飲的早餐卡（Doorknob menu）、電視遙控器等，移至明顯處。而將窗簾闔上並提供冰塊的補充，也是大部分飯店夜床時會提供的服務。

夜床小點（Turndown amenity）也是和夜床服務相連在一起的，夜床小點放置大多放在床頭邊櫃或床上，而在國外多會放一到二片的巧克力在床頭；台灣則多以本地食材製成或飯店有名的小點為主，如：鳳梨酥、馬卡龍等。

上海聖瑞吉斯夜床小點——巧克力

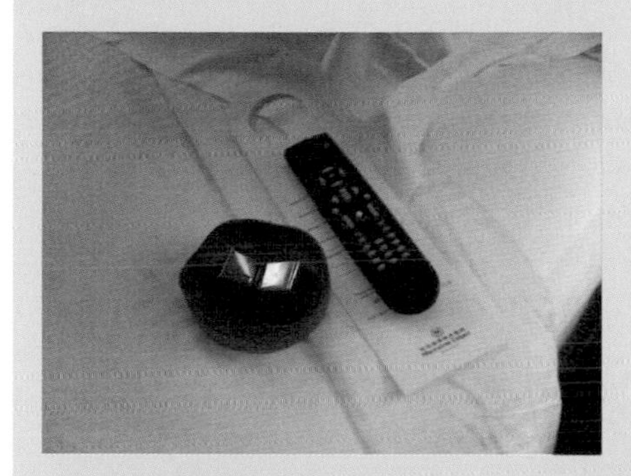

台北喜來登大飯店的夜床小點——鳳梨酥

台北寒舍艾美酒店夜床小點——自製小點

因為每一間飯店的夜床服務不盡相同，在某一間飯店在開夜床時，會將房內電視打開並將畫面停在飯店介紹的頻道，以便客人對飯店設備多一些認識，當然也可藉機加深客人對餐廳的印象。而就在有一次客人的抱怨下，立即更改了這個夜床服務的SOP，原因是客人在很晚的時候返回飯店，卻聽見房間裏傳出說話聲，造成客人不敢開啟房門，立即到大廳櫃檯抱怨說有人進去他的房間，當然最後是誤會一場。

SOP送、洗衣服務

Standard Operating Procedure	
SOP Title:	送、洗衣服務
Department(s):	Housekeeping
Position(s):	Housekeeper

Reference No:	HK-000000		
Effective date:		SOP approved by:	
SOP Author:			
Position:			

Standard
當房客將衣物放進洗衣袋中，房務員應協助客人將衣物送洗。 提供給房客一個優質的送、洗衣服務。
Procedure
一、收洗衣服務 1.當房客將衣物放進洗衣袋中，房務員應查詢是否有填寫洗衣單。 2.確認衣物是否有破損的地方。 YES：請詢問客人是否知悉？是否仍要送洗？並請房客填寫破損確認書。 3.確認衣物的款式、質地、數量是否一致。 YES：連同洗衣單一併送至洗衣房。 No：請櫃檯或管家協助打電話或留訊息詢問客人。 4.再次確認客人的房號是否填寫正確。

二、回衣服務

1. 準備衣物推車。
2. 依回衣條上資訊，確認每一包或件的房號及客人名字。
3. 確認每一間的回衣數量是否正確。
4. 如遇已退房客人，請詢問是否做寄存，並於住宿系統中載明。
5. 回包裝之衣物，請放置於床鋪尾端處。
6. 回掛衣時，請放置衣櫃內，並將衣櫃門半開。

不鏽鋼衣物推車

飯店知識專欄

房務部常以包和掛來辨識衣物。

1. 包：一包衣物，可包裝的以T恤、休閒褲及部分較軟質地的衣服為主。
2. 掛：需以衣架吊掛的衣物，如西裝、襯衫等。

因此若房號1234有一包二掛的意思則為：1234房有一包衣服，還有二件吊掛的衣物。

回掛衣時，大部分會選擇放置衣櫃內，並將衣櫃門半開，以方便房客辨識自己的衣物已清洗好並掛回衣櫃；但有些飯店則是更貼心地設計了「回掛衣的小卡」，放置於包裝衣物一樣的位置，代替衣櫃門打開的動作。

實例分享

R688客人來電客訴說，為什麼要送洗的衣服，還掛在衣櫃內。房務部辦事員立即調閱了客衣送洗記錄，發現該客人的衣服不僅送洗了，還將衣服送回了客房，於此再回電給客人，客人十分不開心，並要求值班主管上去道歉。

值班主管準備了相關的送洗及回衣資料上去R688找客人，客人一開門就一連串的抱怨飯店的服務不周，但聽取客人的抱怨同時，該名主管有發現到客人穿著的是洗回來的同款襯衫，而掛在衣櫃的襯衫確實是髒的，但和送洗衣的洗衣單上形容的完全不同。

這時，主管已明白問題了，直接開門見山地詢問客人是否有洗過澡、換過衣服。

R688客人聽到詢問立即不悅地說，你們服務不好還管起我有沒有洗澡、換衣？說到這裏，該名客人突然直接道歉了起來。

原因是客人洗完澡後，忘了自己將穿過的襯衫掛回衣架上，一沒留意，反而誤會了掛在衣櫃要洗的髒衣服怎麼還在，但其實洗好的襯衫早已穿在身上。

在服務的過程中，從業人員和客人本身常有誤會的產生，但在處理抱怨之時，一定要先有準備，以免不清楚要再查而讓客人久等，等反而會讓小客訴變成大抱怨。

而若問題不是出在飯店這端，也必須找台階給客人，畢竟不能「傷」到客人。

個案思考

1.一位房務部人員在打掃續住房的時候，將房門打開，此時客人走了進來，他該如何應對？

2.負責6樓的房務部人員，發現13號房的客人已經連續掛了DND三天了，他該如何處理？

3.房務人員依照標準流程按了電鈴後，敲門進入客房。進入房間後才發現此間的房客正在洗澡，房務人員發現後道了歉，準備離去。而客人相當友善地說：「沒有關係，請繼續打掃。」此時房務人員應該持續留下完成工作嗎？

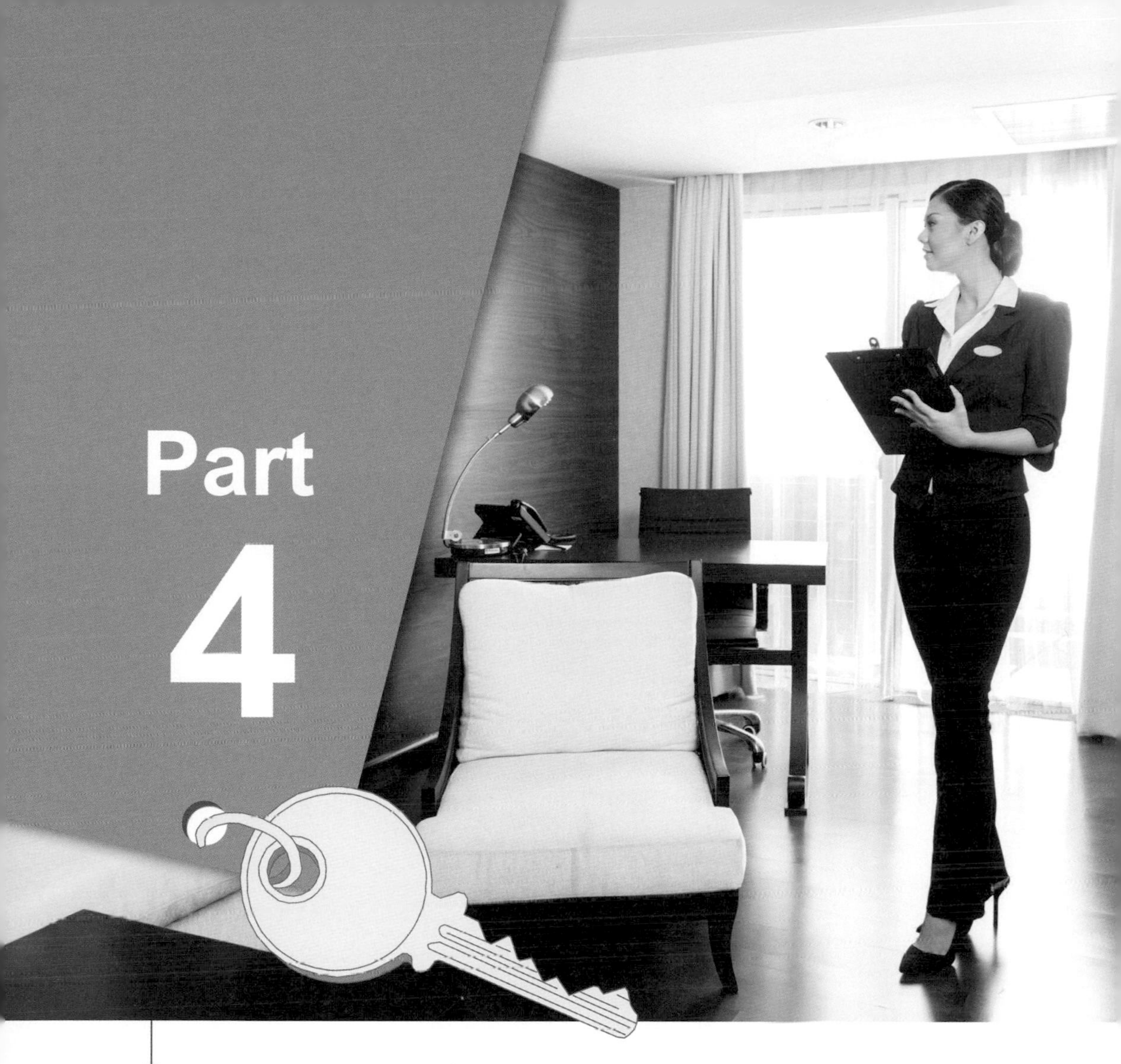

私人管家

Chapter 11

貴賓入住前的準備

第一節　收集資料

當有任務進來時，總管家或管家經理便會以該貴賓的特質或需求挑選合適的管家來擔任24小時的私人管家。

一、貴賓

對於貴賓們通常會分為二大類，第一次入住的貴賓與喜歡管家服務而回來入住的貴賓（Return guest）。

(一)第一次入住的貴賓

拿到貴賓的入住相關資料後，以貴賓名字、頭銜或公司去網路上查詢。因此Yahoo知識、百度、Google等，都是管家的好朋友、好夥伴。當然也有很多的貴賓極為低調，在網路上搜尋不到任何資料，若真是如此也只能讓受到指派的管家自己去發現該貴賓的喜好並即時提供服務。

記錄下第一次入住貴賓的相關資料，當其再次入住時即可提供更貼心的服務

當然，若可與該貴賓上一次入住的飯店同業詢問到相關資料，也是很好的一個同業互助的方式。還有，現在有很多的國際連鎖飯店使用的跨國系統也是相當厲害的，也許這位貴賓十三個小時前在另一個國家才被登記

進系統的喜好，在下一個同系統的飯店立即能運用上，而提供貴賓一個感受到驚喜的貼心服務。

(二)再次回來入住的貴賓

在管家的部門裏，大多備有「私人管家報告」這樣的文件檔案，而這是每一位管家在擔任私人管家時，必須在任務進行中及結束後立即上呈的一份貴賓重要資訊。因為在這份報告中，詳細記載了上一次該貴賓有什麼樣的行程、特別喜歡的店家、個人的喜好，不論是有關食、衣、住、行的那一個面向，又或是有過什麼樣的建議或抱怨，因此透過這一份報告，讓不論是否為同一位管家去服務的，都能立即瞭解貴賓的喜好及需留意之處，進而提供再次回來入住的貴賓有熟悉的感覺，而這就是管家必須提供的超乎預期的服務。

二、收集資料整理

因為是食、衣、住、行這樣的基本需求，在管家的服務上就更加要做到貴賓喜歡的、習慣的百分之百。在貴賓未開口前就能預想到並提供的，才是優質的管家服務。

另外很重要的還有一些資料管家需要瞭解，就是必須知道貴賓上一個旅行的地點在哪一個國家、身體狀況如何等。

貴賓資料建檔工作非常重要，當其再次入住時，管家可以立即查知其喜好與特殊要求

(一)食

貴賓是否有特別喜歡的菜系、餐廳，或用餐時是否必備什麼樣的小菜或蘸醬、有無特別的飲食習慣（如吃早餐蛋卷只要蛋白、不吃二隻腳的家禽等）、慣用左手還是右手、吃飯一定要配飲料等。

管家必須記住貴賓的飲食喜好與禁忌

(二)衣

是否有特別喜歡衣著要求或擺放方式，如只穿輕薄型的衣料或深色款式的衣服，所有衣物只能用吊掛方式、衣服千萬不可摺疊等。

(三)住

房間內的窗子只能面向馬路、只住八樓以上房間、喜歡帶自己的枕頭入眠，而其他枕頭必須圍著他的身形擺放以提供安全感等。

(四)行

不搭車牌數字有4的車輛、不搭乘國內用小型飛機、不喜歡走在同行人的後面等。

當然時間的運用很重要，所有的準備要在貴賓進來前先備齊，因此在購買時程的安排上就需要格外的注意。

實例分享(一)

因一團好萊塢明星要來台宣傳新片，而飯店已經先拿到每一位貴賓的飲食喜好及住宿習慣，所以被安排到的私人管家自收到資料後，便開始忙於準備各項需求，如只喝什麼牌子的礦泉水及飲料、只吃某一款且某一固定口味的零食、所有的大／中／小毛巾只能是純黑色系的等。

管家任務中，最常見的就是飲食有指定品牌，而對於好萊塢明星喜歡的飲食品牌在國外可能唾手可得，但在台灣不一定會有進口，因此光是要找哪一間店家有販售或直接找尋代理商，就要花很多的時間詢問和等待對方的回覆。

所以被安排的管家值勤時間不是在貴賓入住後才開始，而是確認貴賓會來住的時候就開始了。

實例分享（二）

因為有太多新崛起的富豪們，可能都是因為一場豪賭或樂透而一夜致富，讓飯店常有臨時抱著一大袋現金要入住頂級或總統套房的貴賓。當然面對這樣臨時被指派到任務的管家，除了要將這樣的貴賓服務好外，更加要留意貴賓的一舉一動或敏銳度需要更好，畢竟雖然我們是提供服務的，但也不能有不好的事情在飯店內發生。

記得那一次，有一名客人走到大廳櫃檯問最好的房間，並當下付清房租且告知於傍晚就會入住。大廳值班經理與總管家聯繫並與飯店總經理確認後，指派其中一名有相當經驗的管家接下這個任務。當然因為該名貴賓出手闊綽也引起了我們的高度關心與警戒。就在私人管家與總管家一同迎接該貴賓並藉由幾次的談話後，瞭解該貴賓真的是因中了樂透，才想一圓入住大飯店的總統套房的夢，而我們也就化解了這個謎題。

與貴賓的試探性對話和管家的視察，都需要小心應對，以避免客人的誤會或不舒適。

第二節　房間的檢查與準備

私人管家依照貴賓被安排的房間，前往做再次的深度檢查。私人管家會先將客房檢查表（**表11-1**）填寫完畢，並帶著前往房間。

依**表11-1**中的檢查項目一一逐項測試，並確認是否功能正常，若有需要維修或再清潔的部分，則需寫下來，可能立即聯絡工程部或相關部門協助處理後續修復動作。而管家此時便可放置貴賓喜歡的迎賓小禮、飲品，確認是否有特別需求的枕頭種類、空調的溫度調整、燈光的光亮度等。

待全部都放置完整或追蹤完畢後再做放房間的動作。

而通常需要管家前去接待的貴賓房間，管家在檢查完房間後，大多會預先協助辦理入住的系統更正，也就是由管家來預先check in（pre check in），並在房間先行插上一張房卡，以確保設定好的空調及燈光不會跑掉，同時也能測試房卡是否運用正常。

當然許多的大套房入住率並非那麼緊湊，管家也都可藉由查房的動作，再一次地熟悉房內所有設備及動線，以便服務貴賓時的流暢及專業的呈現。

表11-1 客房檢查表

<table>
<tr><td>VIP管家</td><td colspan="2"></td><td>貴賓住宿期間</td><td></td></tr>
<tr><td>貴賓名稱／等級</td><td colspan="2"></td><td>房號</td><td></td></tr>
<tr><td>其他顧客相關資訊／喜好</td><td colspan="4"></td></tr>
<tr><td>□確認是否已將該房間擋住</td><td>□熟悉房內設備及操作</td><td>□旅客登記卡的檢查（客人名／房價及福利等）</td><td colspan="2">□確認是否有接送機</td></tr>
<tr><td colspan="2">入住前的其他檢查：
□熟悉房內設備及操作。
□確認是否照VIP等級開單至各單位（例如：花束、瓶裝水等）。
□有無相關主管的歡迎卡或信件需要放置房內。
□確認客人是否有寄放物／包裹或私人信件在館內。
□Welcome Fruits Check 。</td><td>入住前的內部檢查：
□確認經理是否有VIP的行程，並瞭解注意事項。
□自行搜尋顧客相關資料。
□制服／名牌及名片是否準備並乾淨得體。
□有無特別之喜好可為客人準備。</td><td colspan="2">入住前的房間檢查：
□檢查房內清潔度。
□測試電子相關設備：
1.電視／遙控器／音響
2.網路連接
3.管家箱
4.IP Phone
5.咖啡機
□浴室設備測試。
□電動窗簾測試。</td></tr>
<tr><td colspan="2">□傳真機測試（若房間有設定）。</td><td>□保險箱測試。</td><td colspan="2">□空調及燈光測試。</td></tr>
<tr><td colspan="2">□浴室乾淨度：
浴缸／毛巾／冰箱
排水是否正常
馬桶是否正常</td><td>□有無維修處待追蹤：
燈具／電子相關設備</td><td colspan="2">□是否有依顧客此次入住目的，提供其他的資訊給你的貴賓（例如：來打高爾夫球／一週天氣預估／家庭旅遊／觀光景點等）。</td></tr>
<tr><td>備註</td><td colspan="4"></td></tr>
</table>

實例分享

飯店客滿時，管家的房間深度檢查更顯重要，而這也是發揮交叉訓練學習的重要時刻。因為在滿房時，房務部同仁趕房就已忙不過來了，若此時管家能協助一起檢查並放房，則能增加人力之最大效益。

檢查房間，重點除了在清潔度以外，在一些特別的地方，就是管家要去再次檢查並確認的，床底、上下床墊間、出水口處、燈具、拉門接縫處、各地方之死角、房間電話紀錄、房內便條紙等。

清潔人員在打掃房間時要認真仔細，小地方也不可以忽略

在打掃時最容易被忽略的就是床底，常常在整理時只會將看得見的不潔處清理乾淨，就在使用吸塵器推呀推時，部分灰塵就都積到床底下去了，而表面的乾淨是最可怕的危機。

上下床墊間，是旅客最容易藏物品的地方，因為一般的家庭用床墊都是一床，不會有上下床墊，於是許多旅客認為這是個很好藏匿的地方，而往往藏著藏著在退房時就忘了，於是檢查L&F（Lost and Found 遺留物）在此時就更加重要。

而其他的部分像出水口處，在季節交換時是最容易有蟲出沒的時候；而燈具則是房務部同仁忙於打掃趕時間時較容易忽略的；拉門接縫處就真的很有趣了，有一次管家在檢查房間，測試拉門的順暢時，無意發現接縫處被上一組客人的小朋友，畫了個可愛的圖案，而因為處平時是被重疊到的地方，較不明顯，而未被清除掉。

個案思考

A先生在Check in沒有多久後，就向管家抱怨房內不整潔，並認為飯店沒為客人的隱私著想，說完後順手指著房內的便條紙，但管家一眼看去，便條紙是乾淨的，為什麼A先生要生氣呢？而同時，管家還注意到了一件事情，A先生才剛Check in，怎麼在電話的顯示螢幕上亮著一排的通話紀錄呢？

第三節　個人資料的核對

當被指派擔任為該貴賓的私人管家後，該管家則需將貴賓的個人相關資料加以核對，如住房資料為第三者擔保而非本人提供，此時管家便需要立即去蒐集資料，或將以往的住宿報告調出來查閱。

住房的歷史及個人資料通常在飯店的住房系統中都有存檔，只要電腦上敲一敲，過去所住的房型、房價、住房喜好、付費方式等資料都可查到。

當然，如果之前就有安排過私人管家的貴賓，相對地管家部門內一定也會有私人管家報告資料存檔可參考。

在貴賓進到飯店後，管家最重要的事便是確認對方提供的資料是否正確、喜好是否有改變等，貴賓的習性不會一成不變，喜好也可能隨時更改，於是管家的重要性在此時便格外的顯著，立即提供合適的服務就是管家隨時在側的優勢。

飯店知識專欄

國際連鎖飯店常用的住房電腦資訊系統有Opera、Fidelio等；國內很多飯店採用自創的住房系統，例如金旭、靈芝等。在飯店的住房系統（簡稱PMS）中，一般廣泛使用的模組為前檯（櫃檯）系統以及業務訂席（Sales & Catering）功能，事實上該系統還有許多的功能，只是台灣的飯店較常使用的功能模組皆為以上二種。

前檯住房系統包含有訂房、接待、客房、出納、夜間稽核（Night Audit）等功能。而在這樣的系統工具中，系統裏有很多的Interface，以便連接前檯房客住宿系統、入帳系統（Mini Bar）、付費電視（Pay TV頻道）、語音信箱（Voice Mail）、信用卡連線（Credit Card）、房客資訊（Notes）以及餐廳用的POS（Micros），在其他功能上如出納、外幣兌換、房務控管、房間調度等功能也包含在內。

當然，所有營業現場單位需要的報表，也都能藉由這樣的系統得到一定的協助。而這樣的飯店用住房系統，也必須跟著時代的腳步，需要不定時地更新功能，並定時地給予員工教育課程。

個案思考

今天同是飯店業的常客Q小姐又要回來飯店入住，而管家接到通知趕到櫃檯時，看見櫃檯同仁已經在幫Q小姐辦理Check in手續，而當櫃檯同仁對已經有許久沒回來飯店的Q小姐說：Q小姐，您是我們的常客，所以不用核對任何資料，這次您的房間安排在516房。此時Q小姐面帶難處，正準備開口時，管家立即上前協助。

櫃檯同仁疏忽了什麼嗎？管家又該如何處理呢？

Chapter 12

私人管家的時間安排

第一節　入住前的時間運用

24小時的私人管家，在貴賓抵達的第一日，通常值班時間都以貴賓抵達時間往前推三小時為最常見的值班安排。如貴賓預計下午四點抵達，私人管家大約都在一點左右到班，當然還是要看該任務的行程或其他需求量，彈性調整到班時間。

貴賓入住前，私人管家便會開始著手搜尋有關該貴賓的喜好、最新動態等。而貴賓抵達當天，私人管家到班後，會先到安排好的套房再巡視一次，注意是否已將需要的迷你吧或其他酒類飲品擺放好、是否有特殊的飯店或主管問候卡需放上、當地水果是否有依貴賓喜好放上、套房內的新鮮盆花是否擺放得宜等。

而就像前幾章有提到的，所有可以擔任私人管家的同仁都是先從樓層管家做起，因此所有的準備工作及標準，對於私人管家來說只是將所有單一學習集中於一位貴賓身上，理當得心應手。

貴賓抵達當天，私人管家需再次確認的事項包括：

一、聯繫

貴賓是否有聯絡窗口（貴賓本人、秘書或司機）？管家到班後，致電對方並先行問候、表明身分及詢問需要的資訊。

二、有無更新任何資訊

通常飯店內有貴賓入住都會有VIP Notes或Memo發出，而這樣的發文會因對方有所更新而一再地重發，因此管家都需再三確認手中那份是否為最新一版的資訊，如班機抵達時間、第幾航廈入境、同行的貴賓是否有增加或減少、行程是否有修改等。

三、旅客登記卡

該貴賓是否需要親簽所有相關文件，如旅客登記卡？是否需要向貴賓要護照、信用卡登記等？

四、交通資訊／抵達地點及時間

是否為對方公司派車或使用飯店禮車？抵達飯店後需從飯店大廳或秘密通道進入客房？抵達時間為何？

五、房內盆花

是否依貴賓喜好、年齡、性別來請花房特別設計盆花？

客人到達前先將鮮花擺放好

六、房內設備

確認房中設備都能正常使用，沒有故障、待修、電池沒電等狀況。

七、迎賓小禮

準備好貴賓喜歡吃的小點、當地有名甜點或伴手禮等。

事先為客人準備好他喜歡的點心或當地名點

八、特別需求是否有準備

喜歡的玩偶、品牌、顏色或特別要求等。

貴賓若有特別喜愛的玩偶，可事先準備好，顯示對其之重視與用心

九、迎賓水果

確認貴賓喜歡的水果或準備當地時令水果等。

準備好迎賓水果

十、房卡的製作及測試

大部分配有管家的套房，管家都會先行將其房間pre-check in並插上房卡，同一時間調整好燈光及溫度，完成檢查後，管家需在住宿系統上註明是管家pre-check in的，避免其他追蹤此名貴賓的主管或同仁，誤以為貴賓已進飯店。

房卡先測試過再拿給客人

十一、有無需要秘密通道

若有需要走秘密通道則必須確認貴賓車輛的高度，與控管電梯作業的部門先行測試路線及停置樓層，並和對方的主要聯絡人保持密切聯繫，最後需請相關單位清空該通道。

此外，當然要記得自己入住的客房不可離貴賓的房間太遠，以免服務時間上的落差。

實例分享

因為接待的貴賓來台行程相當緊湊，管家請櫃檯同仁將自己待命的房間安排與貴賓在同一樓層，最好就在鄰近房。果然在貴賓抵台後，回房休息一下就不停地進出飯店，而在短暫的貴賓休息時間，管家也得以休息片刻，因此房間就在旁邊十分方便。而第一天的行程跑完，貴賓向管家表示要休息了，不需待命的同時，貴賓的隨身保鑣詢問管家是否也會待在飯店，並隨時可以找到。管家回覆：是的，自己會24小時接聽電話並待命，而自己的房號是XXXX。

當晚就在管家記錄完今日之事項，準備就寢時，有人按了電鈴。

個案思考

承上實例分享，貴賓的隨身保鑣在準備結束一天的執勤時，詢問管家如何可以聯繫到他，管家應該如何回覆客人的問題呢？

第二節　住宿期間的時間安排

24小時的私人管家，在貴賓入住後的每一分、每一秒，都跟著貴賓的行程安排，於是在貴賓清醒時隨時在側協助，也可能有一些些的時間可以幫貴賓處理額外的事情，因此在住宿期間的時間安排，對私人管家來說是相當重要的一門課題。

大部分早上管家會比貴賓更早起，並親自遞送晨喚飲品或早餐至房間，若貴賓要提早外出，則需準備早餐盒。貴賓外出時，若需要私人管家陪同外出是可以的。

若是貴賓的所有行程，管家都需要陪同，那麼時間的安排對該管家來說就更是重要了。若不需外出時，管家即可在貴賓外出的這段時間內，將該送洗的衣物分類、鞋子全部清潔擦拭過、將房間整理好、該補充的物品也需在一定的時間內完成。

若私人管家全程都需陪同在外，那麼其餘的管家就是唯一的有力支援了，私人管家需要藉由館內的其他管家，來協助完成該貴賓在館內的所有事務。

而管家在接待貴賓的時候，幾乎是完全沒有自己的時間的，無法正常用餐也是常有的事。而這樣的工作對女性管家來說，又是更加的辛苦，管家即使在入睡時也都是著制服就寢，於是女性管家除了著制服就寢外，連妝都無法卸下，畢竟貴賓在任何一個時間呼叫管家，都需要隨傳隨到，而這樣的工作是非一般人能想像的。

私人管家的一日時間安排大約如下：

一、早晨

1.先與廚房師傅溝通早餐內容及做法。

2.準備飲品（現榨果汁或現煮咖啡等）。

3.至服務中心拿取貴賓所需閱讀的報紙，若有特別關心的版面則需先整理出來放置最上層，不喜歡的頁面則先過濾後拿掉。

4.將準備好的報紙及早餐送至貴賓房間並進行晨喚。

5.詢問貴賓有無交辦事宜，並提醒今日行程。

為客人送上早餐及水果

二、午間

1.協助將貴賓待穿之衣服整理並燙好後掛出。

2.將預搭配的鞋子擦好並晾乾。

3.至預定的餐廳檢查並確認菜色、座位。

三、待貴賓出門後

1.整理房間並記錄貴賓喜好。

2.將待洗衣服分類並送洗。

3.擦鞋。

以吊掛或摺疊方式將洗好的客人衣服送回

4.確認待辦事宜並執行，例如：用餐或會議預定（餐廳或其他場所）、外出購物（需要的物品或餐點）。

四、晚間

1.將所有交待事項完成，準備回報進度。

2.將送洗衣服歸類並放回。

3.夜床服務檢查（需依貴賓的喜好設定夜床服務，私人管家服務時可不需依飯店原始流程準備，例如：貴賓若習慣看某每一台的電視節目，可於夜床服務時打開電視並設定好該頻道、而夜床小點也可依貴賓的喜好擺放）。

4.至大廳等待貴賓並引領回房。

5.準備確認明日事項及所需物件。

6.詢問是否有其他需求或確認明日晨喚時間和早餐內容。

7.確認無交辦事宜後，結束一天工作。

個案思考

K氏夫婦年近七十，來自日本，第一次入住飯店是孩子們給的紀念禮物，因為年事已高，因此希望有私人管家24小時照顧。這樣的貴賓當然不會有行程，管家問什麼，老人家可能也不大願意說或覺得自己來就好。管家應該如何提供服務給二位貴賓？

Chapter 13

貴賓退房後的工作

第一節　協助退房辦理（Check out Arrangement）

貴賓退房的前一天，管家一定要再確認時間，往往因為生意或其他因素，貴賓會要延遲，可能只是晚些退房或延住幾天。當然確認時間後便要協助貴賓退房，請櫃檯人員將住宿帳單列出，並先行歸類好消費內容，以便貴賓較易對帳，若有誤入或不清楚的項目，也能先幫忙查明原因。帳單處理好後，退房後的相關服務就需要一一向貴賓詢問了，整個私人管家的服務流程到這裏是最重要的一個環節了，這裏若服務不周，前面的努力可是會白費的。

確定退房後，管家會進行的步驟包括：

1.提供行李打包或裝箱的服務。
2.檢查帳單明細。
3.連絡司機預計出發時間。
4.通知服務中心準備下行李（記得告知有多少行李或箱子的數量，以利服務中心準備行李推車的種類）。

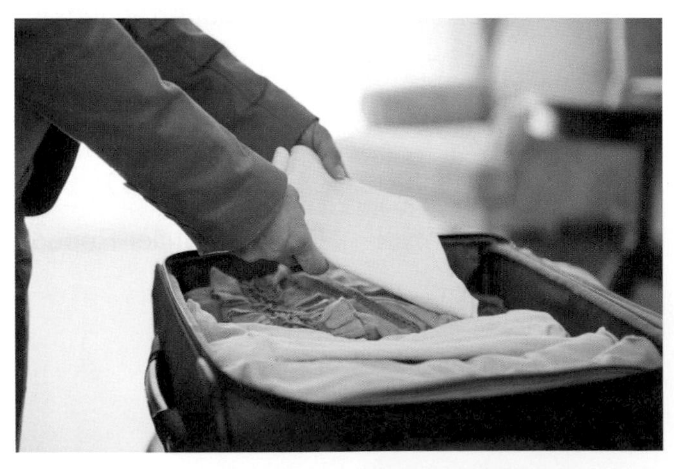

客人退房時若有需要，管家會協助整理行李

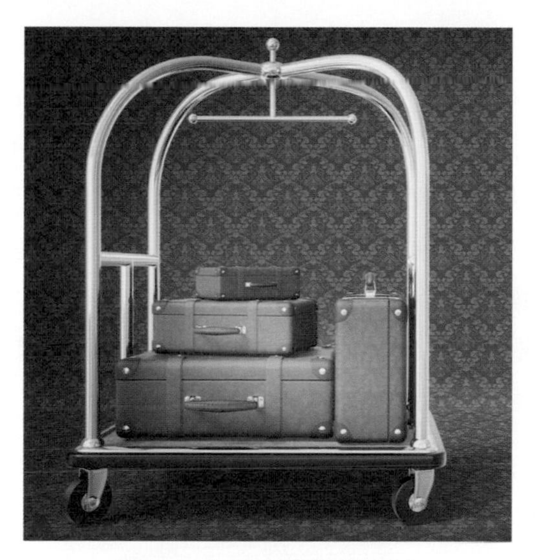

利用行李推車來運送行李

5.通知安全室是否需要控梯。

6.再次確認房內是否有遺留物等。

第二節　送客（Farewell）

有貴賓入住，就會有貴賓退房，而貴賓退房時最佳的使用工具和服務中心每日所使用的送機客人名單一樣，不過這份名單只能協助管家適時地提醒貴賓需要注意的時間。而最確實又或最好的送客時間則是在住房系統上登記的退房時間，當然若能在接到貴賓的同時，由接待的管家直接地詢問，是最正確無誤的。

而一般的送客大多由部門主管或大廳經理來執行，特別要送別的多數是有一定職位或職責的客人，如某公司的高級主管、外籍高層主管、住宿決策者等。

主管會在貴賓預計退房的時間在大廳等候，向客人問候並關心一下住宿期間是否都滿意等。另外一種需要特別送客的，便是在住宿期間有過抱怨的客人，除了讓客人覺得飯店有重視客人的感受，同時若在抱怨當時有需要追蹤事項時，也會在送客時一併讓客人知道飯店這邊的處理。

而有私人管家的貴賓，送客當然也就由管家自行完成，而主管們就都會在管家的通知下，到大廳一併送貴賓離館。

管家需確認貴賓及行李都上了車，並在飯店大門外目送貴賓至看不見處，管家才能離開去執行其他勤務。

管家應安排在客人離開前，行李已全部搬上車

個案思考(一)

N先生在飯店住了一星期，準備退房了，值班管家在去farewell客人後不久，就收到了客人的抱怨，信裏是這樣寫的：

給部門主管：在住宿貴飯店期間很高興，雖然也有遇到一些不甚滿意的地方，但如果下次還有機會，我必定入住貴飯店。但是有一個小小的建議，在我退房的時候，前來送我的那位主管（管家），應該要先瞭解一下我的所有建議，不然就失去了這樣的意義，因為當我在詢問一些事情的時候，很顯然地，這位主管完全不知情，更別說要回報我事情的進度，而這樣的反應和安排，可能會使得原本的美意大打折扣，也容易將之前的好印象抹煞掉了。

個案思考(二)

B小姐一家人準備要退房了，管家正好經過，便協助聯絡服務中心下行李，但管家只說了房號便掛了電話，接下來會發生什麼事呢？

第三節　房間的檢查（Room Inspection）

雖然清潔房間及檢查都由房務部同仁完成（清潔房間→房務人員；檢查並放房→房務部領班），但管家必須於貴賓退房後，親自巡視，當然若有同行友人，管家亦需一併檢查。

不同於預進時的檢查，著重在房間的清潔度。退房時，管家需在細節部分多加留意，而最容易被忽略的地方，像是床頭櫃內是否有物品忘了帶走，或存放在保險箱內的重要物品等。同時亦需檢查房間是否有被破壞

客人退房離開後，管家應進行退房後的房間檢查

的情況或其他不尋常之處。

退房後的房間檢查步驟如下：

先分區檢查，可能從玄關、客用洗手間、客廳、臥室、更衣間、浴室到廚房等。

所有的抽屜都要打開檢查，即使是可能用不到的地方都要檢查，像是衣櫃上的櫃子，因為很多客人會將外套專用的防塵套或旅行袋放在那種不起眼的抽屜中。

飯店的浴袍口袋，堆在一起或捲起的毛巾內，也會有意外的收穫。

當然退房後的檢查，除了協助貴賓確認有無遺漏忘了帶走的物品外，也是管家可以詳細記錄貴賓喜好及習慣的一種方式，像冰箱裏最常使用的飲料或零食；睡覺只睡一顆枕或只睡右邊；習慣用一瓶沐浴乳就可以洗全身上下，自頭到腳等。

第四節　遺留物的處理（Lost and Found）

通常管家會在貴賓退房後做房間的檢查，而遺留物都處理也分為幾種的不同，在這裏先說明客房的遺留物，貴重物品（有一定價值性或現金）都會交由櫃檯同仁保管，而櫃檯人員會在大櫃的保險箱內存放並立即聯絡客人前來領取；而其他物品則由房務部來統一管理，而所有的遺留物保管期大多分為二種，食材飲品類：三至七天；其他類：最多存放到三到六個月。

到期的物品若無人領取，會將該物品交給當初的拾獲者，而無人認領或沒人想認領的物品，大多會由飯店安排一次的拍賣或義賣活動給飯店員工，以清理所有保留物。

個案思考

某員工在清理退房房間時，將放在垃圾桶旁的半瓶未喝完的洋酒帶走，而客人在退房後的數天與飯店聯絡找尋那半瓶洋酒。該怎麼辦呢？

實例分享

有價值的物品，多為可以用金錢來衡量的貴重物，但有些物品可能很重要，卻無法用這樣的度量衡方式來判斷。

數年前接待一位好萊塢女明星，因電影宣傳的關係來台，每天行程滿檔，我們發現她都有帶著一隻隨身的小熊，而她都會先幫小熊蓋好的它自己專用被後才出門。有一次打掃房間時，發現客人這一天可能太匆忙出門，小熊沒有蓋棉被，我們也找不到小熊的專用被，於是

表13-1 遺失物記錄表

物品編號	日期	房號／地點	項目	數量	拾獲者／單位	部門單位	經手人（收）	放置地點	認領日期	認領人／認領單位	經手人（領）	備註
4122	7月24日	805	小錢包	1	曾大方	房務部	Morgan	房務辦公室				7月份櫃子
4123	7月24日	820	衣架×1 香水×1（已開封）	2	李文	房務部	Morgan	房務辦公室				7月份櫃子
4124	7月24日	818	衣服（白色）×1 芒果	2	李文	房務部	Morgan	房務辦公室				7月份櫃子／7/26水果報廢
4125	7月24日	905	襯衫（藍色）×1	1	鄭針花	房務部	Morgan	房務辦公室				7月份櫃子
4126	7月24日	809	衣服×2	2	黃亭	房務部	Morgan	房務辦公室				7月份櫃子
4127	7月24日	808	雜誌×1 夾腳拖×1 襪子外套×2 衣服×2 保鮮盒		黃亭	房務部	Morgan	房務辦公室				7月份櫃子
4128	7月24日	917	衣架×3	3	曾大方	房務部	Morgan	房務辦公室				7月份櫃子
4129	7月25日	807	化妝包	1	李文	房務部	Morgan	房務辦公室				歸還黃師傅
4130	7月25日	825	唇膏×1	1	李思亭	房務部	Morgan	房務辦公室				7月份櫃子
4131	7月25日	1109	眼鏡×1付 水果×2盒 發票×6張		黃亭	房務部	Morgan	房務辦公室				7月份櫃子／7/26水果報廢
4132	7月25日	905	糖果×1盒 茶葉×1罐		鄭針花	房務部	Morgan	房務辦公室				7月份櫃子
4133	7月26日	823	毛巾×1 牙刷×1	1	曾大方	房務部	Vivian	房務辦公室				烘衣間
4134	7月26日	819	手帕×1	1	曾大方	房務部	Vivian	房務辦公室				烘衣間
4135	7月26日	1122	充電器×2	1	黃亭	房務部	Vivian	房務辦公室	7月26日	CC	HK-Vivian	烘衣間
4136	7月26日	1217	名片盒	1	雷小娜	房務部	Vivian	房務辦公室				烘衣間

我們幫小熊蓋上了飯店的小毛巾，並留下一張小紙條給客人。

客人回來看到後十分感動，還特別找我們當面說謝謝，說完謝謝後，還很可愛地開始介紹小熊的名字和所有專用物品的存放位置。

在客人退房後，我們發現了她心愛的小熊被遺忘了。當時其他的同事覺得小熊非有價物，可以等下次入住再送回，這樣也可以讓她再次選擇回我們飯店。而我卻堅持坐車送去機場給客人，但當我到機場時，客人果然在登機門前，因為要不要上飛機而掙扎著，直到看見我抱著小熊走向她。

第五節　私人管家報告

所有的私人管家在接case時，都需要填寫「私人管家報告」，除了可以清楚記錄貴賓相關資訊外，也方便讓下一位管家更容易的上手接待同一位貴賓。報告中除了清楚記錄管家每天、每一段時間的工作外，貴賓所有需求、需要被留意的服務、有過的抱怨、需求品購買處都需要註明在報告裏。報告樣本如**表13-2**。

依表格中的項目填入，越加詳細越好，每一個時段都必須將時間放在最前面，而所有的私人管家需在結束case的三天內完成報告。報告中的文字皆需合宜，若有任何待追蹤的部分，亦需將處理結果加以補充至報告內。

此一私人管家報告，除管家部門外，若其他主管要求調閱時，皆需由總管家（管家經理）同意才可給予調閱。

所有不需要或作廢的報告都需以碎紙機銷毀，以保護貴賓的私人隱私。

表13-2　私人管家報告

<table>
<tr><td colspan="5">私人管家報告書
Personal Butler Report

管家姓名 / Butler Name：
日期 / Date：</td></tr>
<tr><td>貴賓姓名
Guest Name</td><td colspan="2"></td><td>房間號碼
Room No.</td><td></td></tr>
<tr><td>公司 / 組織名稱
Company Name</td><td colspan="2"></td><td rowspan="6">照片
Picture</td><td rowspan="6"></td></tr>
<tr><td>職稱
Position/ Title</td><td colspan="2"></td></tr>
<tr><td>台灣負責單位
Local Host</td><td colspan="2"></td></tr>
<tr><td rowspan="3">居住時間
Duration</td><td>Check-in</td><td></td></tr>
<tr><td>Check-out</td><td></td></tr>
<tr><td>Remark</td><td></td></tr>
<tr><td>客人外型特徵
Features of guest</td><td colspan="4"></td></tr>
<tr><td colspan="5">請詳述時間及過程（Description）
Please indicate specific date/ time/ place and the whole process.</td></tr>
<tr><td colspan="5">備註 / 喜好Remark/ Preference</td></tr>
</table>

個案思考

1.為什麼私人管家的服務一直到退房時，會是最重要的一個環節？為什麼這裏會服務不周，前面的努力也會白費？

2.私人管家報告為什麼重要？一定要寫嗎？若真的要寫，除了貴賓每日行程外，還有什麼要寫的。

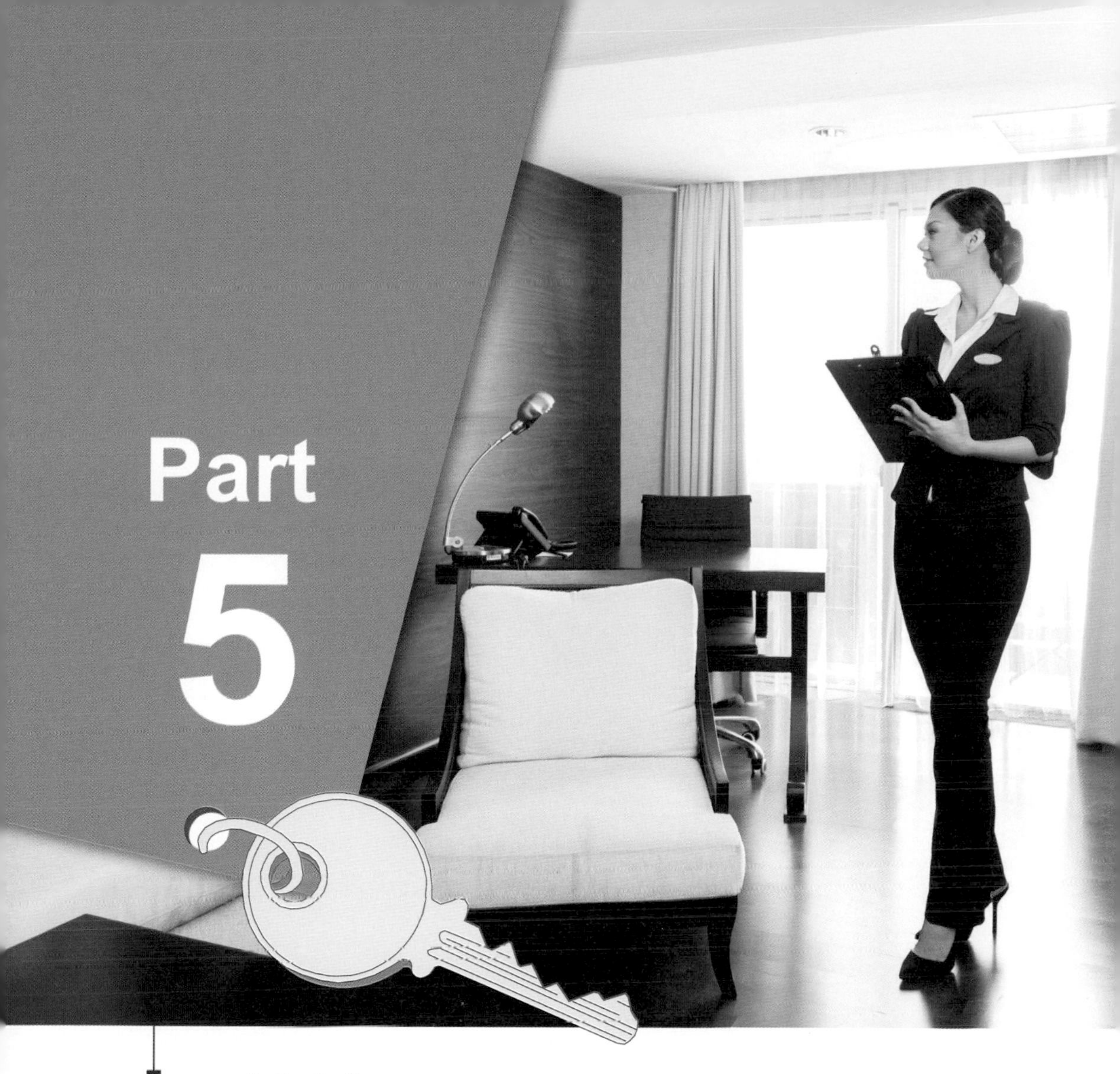

附錄

附錄一

宗教信仰與文化

宗教信仰

在飯店裏服務著來自不同國家的客人，不同國家自然就會有不同的宗教信仰及文化，雖然無法照顧到無微不至，但身為飯店服務人員，應有的基本禮儀及尊重是必須的，尤其現在的環境在各個飯店看起來都像是文化大融合的社會，因此在這一個章節來談談宗教信仰及文化的尊重，這對於管家來說著實重要。

素食者

華人的素食者與外國素食者不大一樣，華人吃素除了不吃肉外，還要戒五辛（或五葷）。五辛就是蔥、蒜、韭、薤（路蕎）、興渠（洋蔥）。這五種蔬菜除了食用後氣味較重外，修行者表示食用後，比較容易產生情欲，一般認為對修行不利，所以要戒除。而在網路上更有學者表示，素食者不食蔥、蒜等物的理由，在本草備要中有歸納，本草備要大蒜條下：「然其氣薰臭，多食生痰動火，散氣耗血，損目昏神。」其注曰：「五葷皆然而蒜尤甚，楞嚴經曰五葷熟食發淫，生啖增恚，故釋氏戒之。釋家以大蒜、小蒜、興渠、慈蔥、茖蔥為五葷。」由此可見，所謂的五葷，是因為它們有興奮刺激作用，使人難以安定心神，故修行者引以為戒。

更嚴謹的人甚至連三奪食也不吃，三奪食就是蛋、牛奶和蜂蜜，他們認為這些東西是其他動物的食物，吃了就會剝奪這些動物生命的權利，所以不應該吃。

當然也有吃鍋邊素（又稱方便素）的素食者，不論是一起熬湯或混在一起炒皆無所謂，只要不吃到肉就可以。

而外國素食者則和一般人對於他們的觀念雷同，覺得其行為、思考

方式較為輕鬆自在且純粹些，只要餐點內不含肉類即可（此為作者個人想法，非全部外國人都如此，仍有分別，應詢問清楚）。

於是，管家在服務上一定要注意，才能不觸犯到客人的飲食禁忌。

客人若為素食者，管家應特別注意其飲食禁忌，為其準備適合的素食

猶太教

猶太教是古老的宗教，西元前兩千年中葉，猶太人進入巴勒斯坦地區，西元前十一世紀形成以色列和猶太兩個國家，一開始他們信仰氏族祖先和自然精靈，到西元七世紀由摩西創立了猶太教，並成為他們的國教，奉主神耶和華為萬能的上帝。

一、主要節日

猶太人的主要節日有：

(一)安息日

安息日有兩種說法，第一種是猶太教徒把每週日定為安息日，也是當今世界星期日的來歷。上帝在創造世界的日子裏，勞動六天之後就休息一天。猶太教的祖先遵照上帝的旨意，把安息日作為他們宗教教義及活動的一個內容，延續至今。每個猶太教徒的家庭要在星期日的晚上享用酒、麵包和最好的食物進行祝福，祝福安息日的到來。

第二種是星期五太陽下山以後到星期六太陽下山以前，這是放假的時間，是不用工作的，而如果開燈或是開伙的話，就代表著要工作了。因此猶太教徒在這段時間是不被允許開燈或是開伙這類勞動工作的。

(二)逾越節

逾越節是猶太教重要的節日，是猶太民族的新年。每當逾越節來臨時，猶太人都要重新回味當時吃過的烤羊肉、苦菜和未發酵的麵包，以此喚起全民族人民對逃離埃及那段艱辛旅途的回憶。當然現在猶太人在製作未發酵的麵包烤餅時，加入了雞蛋、食糖、果仁等配料，吃起來要可口多了。

(三)贖罪日

贖罪日大約在每年的十月份，是猶太教信徒贖罪並感謝上帝拯救的日子。在這一天，虔誠的信徒禁食肉食、受精的雞蛋和能夠發芽的種子，尤其不能吃偶蹄和反芻類動物。

二、飲食上的禁忌

1.豬、無鱗的水生動物（如：貝類、章魚、烏賊、螃蟹、蝦子等）不吃。

2.未按誡律宰殺。所有非一刀宰殺咽喉的動物不吃。

3.有違戒律倫理。雞肉與雞蛋同時料理不吃；牛奶、牛肉與乳酪同時料理不吃。雞肉與雞蛋；牛奶、牛肉與乳酪均屬於「親子關係」。

4.所有加工過的食品不吃，除非是經由猶太學者、宗教家和教師認證過，或經由認證的食品工廠出產的。

5.若為共用的器皿，則需將猶太食物做好完善的保護。

6.水果整顆尚可食用，切開後不可。

許多猶太教徒在家飲食不會有太多的考量，在旅行時就需要飯店人員多費心，所有食物皆需確認出處，連喝的水都是。因此有許多虔誠的猶太教徒旅遊在外時，會帶自己的食物並請飯店人員協助加熱，此時需留意，食物不可直接放進微波爐，而需要在食物上覆蓋或包裹至少二層以上的保護才可進微波爐內。他們對食物有極大的禁忌，食物跟食物不但不能混在一起，連同氣味也是。

三、Kosher Food（猶太教徒特殊用餐須知）

1.上菜請用「鋁箔紙」覆蓋食物（勿使用不鏽鋼菜蓋），由客人自行拆開。

2.用塑膠刀叉。

3.咖啡或茶用紙杯裝盛。

4.切勿使用非一次性之器皿，所有就口的餐具請使用一次性丟棄器皿。

猶太教徒的飲食有一些特殊的要求，應特別注意

台灣有些食品包裝上有可輕易分辨猶太食物的標示，
此時服務只需留意盛裝的器皿即可

伊斯蘭教

伊斯蘭教是世界三大宗教之一，伊斯蘭是阿拉伯語譯音，原意為順服，指順服唯一的神阿拉。我國習慣稱為回教或清真教。西元七世紀初，由穆罕默德創立於阿拉伯半島，以後逐漸發展為世界性宗教。而常聽到的穆斯林，則是對伊斯蘭教信徒之稱呼，阿拉伯文原意是自覺自願順服伊斯蘭教的真主阿拉的人，亦可稱之為回教徒。伊斯蘭教的飲食禁忌較多，主要是不食不潔之物，這包括豬肉、狗肉、驢肉、馬肉、兔肉、無鱗魚及動物的血，和未依伊斯蘭教規定宰殺的動物和自死的動物，同時還禁止飲酒。

穆斯林只能吃「特別處理」過的牲畜，所謂特別處理指的是由伊斯蘭教內負責宰殺牲畜的教長執刀，且屠宰的刀上也需刻有經文，而且宰殺過程還要誦念特定阿拉伯經文，並將牲畜徹底放血，才能料理食用。

有些飯店會貼心地將朝拜的方向標示於天花板上，有些則會在床頭櫃的抽屜內標示方向

穆斯林一天當中要向聖地（麥加）的方向禮拜五次（俗稱五番拜），分別是黎明、中午、下午、日落和晚上，因此穆斯林時常會帶著羅盤及一張朝拜時使用的朝拜毯。

而每週五為穆斯林的聚禮（穆斯林會一同上清真寺禮拜，有些飯店會提供給穆斯林一間乾淨的客房作為聚禮用）。

一、主要節日

伊斯蘭教的主要節日有：

(一)古爾邦節

古爾邦節又叫宰生節、忠孝節。古爾邦是阿拉伯語獻牧的意思，是伊斯蘭教的重大節日。相傳先知易卜拉欣的兒子伊斯瑪義十三歲時，真主阿拉指示易卜拉欣，要他宰殺自己的兒子伊斯瑪義進行奉獻，易卜拉欣遵命行事，自己的兒子伊斯瑪義也欣然表示同意，這時阿拉派遣天使吉卜利勒牽了一隻黑頭白身的綿羊來到米納山谷，替代伊斯瑪義獻牧。這一天正是伊斯蘭曆的十二月十日，為紀念易卜拉欣和他的兒子伊斯瑪義為阿拉犧牲奉獻的精神，人們把這一天定為宰生祭禮的節日。這一天伊斯蘭教徒要宰殺牛羊、炸饊子、烤全羊、烤羊腿等。有些阿拉伯人還宰殺駱駝，這可能是最大的節日食品了。

(二)齋月

穆斯林在每年齋月（伊斯蘭曆九月，The month of Ramadan），每天黎明至黃昏期間不吃不喝，並嚴禁房事。

穆斯林不食豬肉，且只能吃依伊斯蘭教規定宰殺的肉品

二、飲食上的禁忌

阿拉伯人認為豬是汙穢不潔的動物，考慮到衛生與健康，主張禁吃豬肉。古蘭經上有段話說：「敬拜真主的人們啊，你們可以吃我賜與的佳餚美食；真主只禁止你們吃屍骸、血、豬肉以及贊誦真主以外之名所宰殺的……」也就是說，對古蘭經絕對虔信的信徒不只不吃豬肉，對那些未依規定程序宰殺得來的肉類，同樣是拒絕煮食的。

HALAL Food認證標誌

有認證的餐廳都會張貼HALAL標誌在明顯處，讓穆斯林放心用餐

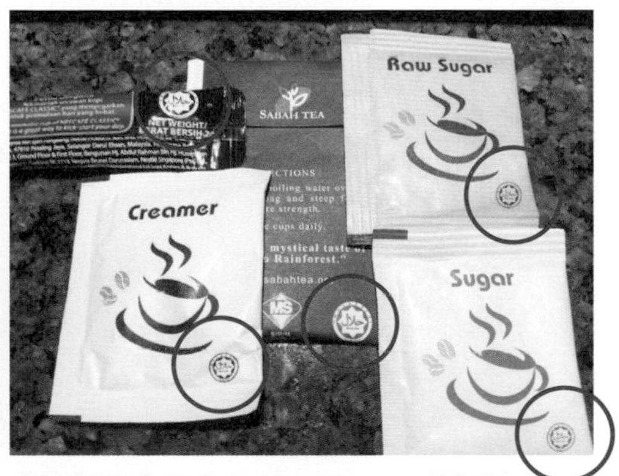

有認證的食品加工廠出產的相關產品會有HALAL Food的標誌

其他飲食上的禁忌還包括：

1.無鱗的水生動物（如：貝類、章魚、烏賊、螃蟹、蝦子等）不吃。
2.未按誡律宰殺。所有非一刀宰殺咽喉的動物不吃。
3.有尖牙的動物不吃（如：虎、貓）。
4.禁用左手取食。

實例分享

不論是經過認證的Halal Food或標明清楚方向的朝拜圖示，在馬來西亞或一些擁有眾多伊斯蘭教信徒的國家，幾乎是普遍的基本服務，但在台灣，或許有許多飯店從業人員聽都沒聽過，但這確是相當重要的一個服務觀念及認識。

記得某一位重要的貴賓對於阿拉真主十分尊敬及崇拜，也相當的虔誠，在來台前管家團體已經收到了飲食上的指示和要求。而就在貴賓即將抵達的當天，對方的隨扈及安檢人員來飯店做最後一次的考察，一進門竟然發現了一條鋪在客廳地上莫名其妙出現的大毛巾，於是將負責業務主管及總管家叫去訓斥了一頓。業務主管頻頻道歉，說可能是飯店人員整理時忘了收走。此時只見總管家緩緩請示能否讓他解釋一下，才知這是對於篤信虔誠的貴賓特別準備的代替朝拜毯用的全新大毛巾，為了不讓貴賓錯過或急忙找別處進行每日五次的朝拜時間，先選擇在套房內的客廳擺放，也先將朝拜方向確認，以表現我們對於該貴賓的重視且對其宗教信仰的尊重。

就這樣的一個貼心服務，贏得了客人的讚許及認同，當然主要的貴賓來臨時，也就不難想像會有多麼地喜歡飯店的貼心服務及管家了。

以台灣為主，麥加的朝拜方向為西偏北方。

因天主教、基督教和佛教在亞洲區已經占大部分，故不在此多作介紹。

文化小卡

文化Culture

歐美	台灣
1.可直接稱呼名字。 2.熱情型。 （見面人多握手或擁抱） 3.不拘小節。 4.情緒來得快、也消失得快。 5.思考方式直接。 6.有任何問題可直接告知，不要拐彎抹角，會不理解想表達的事情。 7.享受生活的民族。	1.稱呼其家族姓氏或英文名可。 2.內斂型。 （單純談話、握手或輕微鞠躬） 3.與不熟識的人見面，會保持一定的距離。 4.友善且熱心。 5.永遠都是先服務主人（職稱高的人）。 6.到他國絕對遵守各式規範。 7.謙卑的民族。
日本	**中國**
1.稱呼其家族姓氏。 2.內斂型。 （友善、深鞠躬型／新一代則互動較親切，較不忌諱） 3.留意年代不同的敬語用詞。 4.不輕易有肢體上的接觸。 5.不吃乳製品（新一代的較可接受）。 6.情緒壓抑，不會輕易表態感覺。 7.十分注重安全性及舒適度。 8.相當多禮的民族。	1.稱呼其家族姓氏 。 2.豪邁型。 （揮手、握手或熱情擁抱） 3.處事相當豪氣。 4.學習力相當高。 5.不怕吃苦且企圖心強。 6.生活步調快速。 7.說話聲音大而宏亮 8.相當注重面子問題。 9.相當自我的民族。

以上只是對於在飯店來往的顧客客層的個人觀察分析，絕非一定或有任何評論。擔任管家一職若能有多一些對於各個國家客人的認識，絕對在服務上有極大的加分效果，亦能減少不必要的失禮及抱怨的產生。

附錄二

餐飲配料種類與名稱

- 常見早餐麵包種類
- 常見麵包抹醬
- 義大利麵條
- 蛋的料理
- 牛排的熟度

常見早餐麵包種類

Croissants	牛角 / 可頌
Chocolate croissants	巧克力牛角 / 可頌
Croissants with sausage	香腸丹麥
Cheese danishes	起士丹麥
Fruits danishes	水果丹麥
Cinnamon and raisin danishes	葡萄乾丹麥
Soft rolls	軟餐包
Crusty rolls	法國硬麵包
Banana bread	香蕉麵包
Bagels	貝果
Rye bread	黑麥麵包
White toast	白吐司
Whole wheat toast	全麥吐司
English muffins	英格蘭馬芬
Blueberry muffins	藍莓馬芬

麵包種類繁多，是西式早餐的主角

常見麵包抹醬

Peanut butter	花生醬
Butter	牛油
Margarine	植物性奶油
Strawberry jam	草莓果醬
Pineapple jam	鳳梨果醬
Raspberry jam	覆盆子果醬
Hazelnut cocoa spread	榛果可可醬
Honey	蜂蜜
Apricot jam	杏桃果醬
Blackcurrant jam	黑醋栗果醬
Marmalade	橘子醬

水果常被用來製成果醬，例如覆盆子果醬

義大利麵條

Spaghetti	直麵
Linguine	細扁麵
Fettuccine	寬扁麵
Penne	筆管麵
Capelin	天使細麵
Macaroni	通心麵
Lasagne	千層麵
Ravioli	義大利餃

義大利麵有各種不同的造形

蛋的料理

Sunny-side up	單面煎
Sunny egg	太陽蛋，做法同單面煎
Poached egg	水波蛋
Boiled egg	水煮蛋
Scrambled egg	炒蛋
Over easy	雙面煎，蛋黃不熟
Over hard	雙面煎，蛋黃全熟
Omelet	蛋卷／蛋包

蛋是極易取得的食材，利用不同烹調手法，卻可做出各種不同的變化

牛排的熟度

生 Raw	完全未經烹煮的生肉	這種做法只會用在某些菜式，例如韃靼牛肉或生牛肉沙拉上。
一分熟 Rare	僅是牛排的表面煎熟呈褐色，內裏的肉微暖，呈血紅色	雙面有過火，封住血水，一刀切下，應該還會有血水流出。
三分熟 Medium-Rare	牛排表面呈褐色 中間的肉溫暖並呈紅色	過火，然而肉的內部要帶點溫度，但不是熱的。
五分熟 Medium	牛排外圍呈褐色，內裏的肉以粉紅色為主	中心部分仍見一絲絲血紅色。烤或煎至中心為溫熱，仍保留血水。
七分熟 Medium-Well	牛排內裏的肉大多是褐色，肉也熟了，中心溫熱	外圍呈稍暗紅色，中心部分則為粉紅色。
全熟 Well-Done	牛排呈現完全熟了，並稍微烤焦	無血水，只有肉汁，肉呈淡褐色。

客人可依個人喜好，要求廚師將牛排煎烤至自己喜歡的熟度

餐飲旅館系列

管家服務

作　　者／張梧雨
出 版 者／揚智文化事業股份有限公司
發 行 人／葉忠賢
總 編 輯／閻富萍
地　　址／新北市深坑區北深路三段258號8樓
電　　話／(02)8662-6826
傳　　真／(02)2664-7633
網　　址／http://www.ycrc.com.tw
E-mail／service@ycrc.com.tw
印　　刷／彩之坊科技股份有限公司
ISBN／978-986-298-190-0
初版一刷／2016年2月
初版二刷／2019年9月
定　　價／新台幣400元

國家圖書館出版品預行編目（CIP）資料

管家服務 / 張梧雨著. -- 初版. -- 新北市 : 揚智文化, 2016.02

面； 公分. -- (餐飲旅館系列)

ISBN 978-986-298-190-0(平裝)

1.服務業 2.家事服務員

489.1 104014555